高等学校应用型特色规划教材

Adobe Photoshop CC
图像处理经典课堂

陈立英　侯　峰　张秋实　编著

U0341398

清華大學出版社
北 京

内容简介

本书从 PhotoshopCC2017 最基本的应用知识讲起，全面细致地对平面作品的创作方法和设计技巧进行了介绍。书中的每个案例都给出了详细的操作步骤，同时还对操作过程中的设计技巧进行了描述。

全书共 14 章，分为基础篇与实操篇，基础知识包括 Photoshop CC 2017 基础操作、图像选区的创建、图层的应用、文字工具的应用、图像的绘制与编辑、色彩与色调的调整、通道与蒙版的应用、路径的应用、滤镜知识、动作与任务自动化等内容，实操案例包含调整图像尺寸、修饰生活照、拼合图像、制作特效文字、修复受损老照片、秋景秒变春景、为图像添加水印、广告设计、包装设计、宣传册设计、封面设计及图像合成等。理论篇每章最后还安排了针对性的项目强化练习，以供读者练手。

本书结构合理，用语通俗，图文并茂，易教易学，既适合作为高职高专院校和应用型本科院校计算机、多媒体及平面设计相关专业的教材，又适合作为广大平面设计爱好者和各类技术人员的参考用书。

图书在版编目(CIP)数据

Adobe Photoshop CC图像处理经典课堂 / 陈立英，侯峰，张秋实编著. —北京：清华大学出版社，2018
（2022.7重印）

（高等学校应用型特色规划教材）

ISBN 978-7-302-50053-7

Ⅰ.①A… Ⅱ.①陈… ②侯… ③张… Ⅲ.①图像处理软件—高等学校—教材 Ⅳ.①TP391.41

中国版本图书馆CIP数据核字（2018）第086818号

责任编辑：陈冬梅
封面设计：杨玉兰
责任校对：王明明
责任印制：朱雨萌

出版发行：清华大学出版社

   网 址：http://www.tup.com.cn，http://www.wqbook.com

   地 址：北京清华大学学研大厦A座   邮 编：100084

   社 总 机：010-83470000   邮 购：010-62786544

   投稿与读者服务：010-62776969，c-service@tup.tsinghua.edu.cn

   质量反馈：010-62772015，zhiliang@tup.tsinghua.edu.cn

印 装 者：小森印刷（北京）有限公司

经 销：全国新华书店

开 本：185mm×260mm   印 张：17.5   字 数：420千字

版 次：2018年8月第1版   印 次：2022年7月第6次印刷

定 价：69.00 元

产品编号：078542-01

FOREWORD
前 言

为啥要学设计？ ■────────────

　　随着社会的发展，人们对美好事物的追求与渴望，已达到了一个新的高度。这一点充分体现在了审美意识上，毫不夸张地讲我们身边的美无处不在，大到园林建筑，小到平面海报，抑或是犄角旮旯里的小门店也都要装饰一番并突显出自己的特色。这一切都是"设计"的结果，可以说生活中的很多元素都被有意或无意识地设计过。俗话说：学设计饿不死，学设计高工资！那些有经验的设计师们，月薪过万不是梦。正是因为这一点很多人都投身于设计行业。

问：学设计可以就职哪类工作？求职难吗？

答：广为人知的设计行业包括：室内设计、广告设计、UI设计、珠宝设计、服装设计、环艺设计、影视动画设计……所以你还在问求职难吗！

问：如何选择学习软件？

答：根据设计类型和就业方向，学习相关软件。比如，平面设计类软件大同小异，重在设计体验。室内外设计软件各有侧重，贵在实际应用。各类软件之间也要配合使用，好比设计师要用Photoshop对建筑效果图做后期处理，为了让设计作品呈现更好的效果，有时会把视频编辑软件与平面软件相互配合。

问：没有美术基础的人也可以学设计吗？

答：可以。设计类的专业有很多，并不是所有的设计专业都需要有美术的功底。例如工业设计、展示设计等。俗话说"艺术归结于生活"，学设计不但可以提高自身审美能力，还能有效地指引人们制作出更精良的作品，提升自己的生活品质。

答：自学设计可以先从软件入手：位图、矢量图和排版。学会了软件可以胜任 90% 的设计工作，只是缺乏"经验"。设计是软件技术 + 审美 + 创意，其中软件学习比较容易上手，而审美的提升则需要多欣赏优秀作品，只要不断学习，突破自我，优秀的设计技术轻松掌握！

系列图书课程安排

本系列图书既注重单个软件的实操应用，又看重多个软件的协同办公，以"理论知识 + 实际应用 + 案例展示"为创作思路，向读者全面阐述了各软件在设计领域中的强大功能。在讲解过程中，结合各领域的实际应用，对相关的行业知识进行了深度剖析，以辅助读者完成各种类型的设计工作。正所谓要"授人以渔"，读者不仅可以掌握这些设计软件的使用方法，还能利用它们独立完成作品的创作。本系列图书包含以下图书作品：

▶▶ 《中文版 Adobe Photoshop CC 图像处理经典课堂》

▶▶ 《中文版 Adobe Illustrator CC 平面设计经典课堂》

▶▶ 《中文版 Adobe InDesign CC 排版设计经典课堂》

▶▶ 《中文版 Photoshop + Illustrator 平面设计经典课堂》

▶▶ 《中文版 Photoshop + CorelDRAW 平面设计经典课堂》

▶▶ 《3ds Max 建模技法经典课堂》

▶▶ 《3ds Max+VRay 效果图表现技法经典课堂》

▶▶ 《SketchUp 草图大师建筑、景观、园林设计经典课堂》

▶▶ 《室内效果图表现技法经典课堂（AutoCAD + 3ds Max + VRay）》

▶▶ 《建筑室内外效果表现技法经典课堂（AutoCAD + SketchUp + VRay）》

配套资源获取方式

目前市场上很多计算机图书中配带的 DVD 光盘，总是容易破损或无法正常读取。鉴于此，本系列图书的资源可以通过发送邮件至 619831182@QQ.com 或添加微信公众号 DSSF007 并回复关键字 3656 获取，需要课件的老师可以单独留言，制作者会在第一时间将其发至您的邮箱。

适用读者群体

☑ 网页美工人员；

☑ 平面设计和印前制作的人员；

☑ 平面设计培训班学员；

☑ 大中专院校及高等院校相关专业师生；

☑ Photoshop 设计爱好者；

☑ 从事艺术设计工作的初级设计师；

作者团队

本系列图书由高校教师、工作一线的设计人员以及富有多年出版经验的老师共同编著。本书由陈立英、侯峰、张秋实编著。王莹莹、洪婵、许亚平、魏砚雨、邱志茹、黄春凤、雷铭、吴蓓蕾、周崽、郭志强、彭超、尚展垒、金松河、杨艳、张旭、刘涛、崔雅博等均参与了章节内容的编写工作，在此对他们的付出表示真诚的感谢。

致 谢

　　为了令本系列图书尽可能满足读者的需要，许多人付出了辛勤的劳动。在此，向参与本书出版工作的"ACAA教育集团"和"Autodesk中国教育管理中心"的领导及老师、米粒儿设计团队成员等，致以诚挚谢意。同时感谢清华大学出版社的所有编审人员为本系列图书的出版所付出的辛勤劳动。本系列图书在编写过程中力求严谨细致，但由于时间和精力有限，书中仍难免出现疏漏和不妥之处，希望各位读者朋友们多多包涵，并批评指正，万分感谢！

　　读者朋友在阅读本系列图书时，如遇与本书有关的技术问题，则可以通过微信号 dssf2016 进行咨询，或者在获取资源的公众平台中留言，我们将在第一时间与您互动解答。

本书知识结构导图

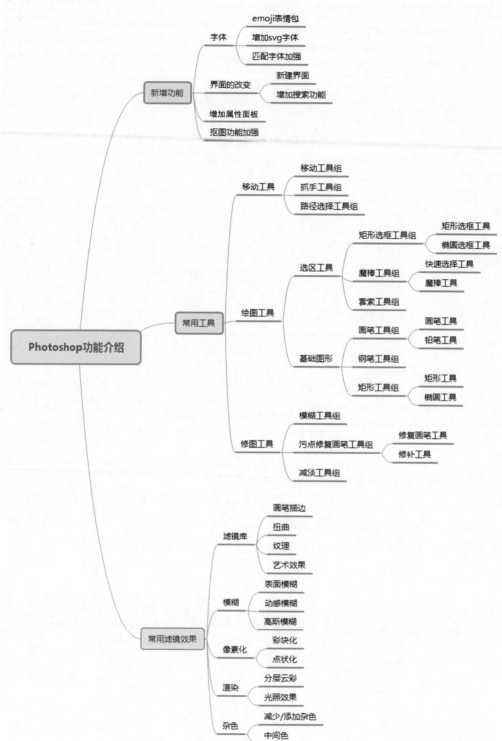

CONTENTS
目 录

CHAPTER / 01
Photoshop CC 轻松入门

CHAPTER / 02
图像选区的创建

CHAPTER / 03

图层的应用

CHAPTER / 04

文字工具的应用

CHAPTER / 05

图像的绘制与编辑

CHAPTER / 06

色彩和色调的调整

CHAPTER / 07
通道与蒙版的应用

CHAPTER / 08
路径的应用

CHAPTER / 09
滤镜的应用

CHAPTER / 10
动作与任务自动化

CHAPTER / 11

广告设计

CHAPTER / 12

包装设计

CHAPTER / 13

宣传册设计

CHAPTER / 14

封面设计

CHAPTER 01
Photoshop CC
轻松入门

内容导读 READING

众所周知，Photoshop是图像处理领域的巨无霸，在出版印刷、广告设计、美术创意、图像编辑等领域得到了极为广泛的应用，是平面、三维、建筑、影视后期等领域设计师必备的一款图像处理软件。

■ 学习目标
∨ 了解Photoshop应用领域
∨ 熟悉Photoshop的操作界面
∨ 掌握文件的基本操作
∨ 掌握图像处理的基本概念

素材文件

调整宽度参数

1.1 初识 Photoshop CC

Photoshop 就是人们常说的 PS，是由 Adobe 公司开发和发行的图像处理软件，主要处理由像素组成的数字图像。该软件有非常强大的图像处理功能，在图像、图形、文字、视频、出版等各方面都有涉及。

2003 年，Adobe Photoshop 8.0 更 名 为 Adobe Photoshop CS；在 2013 年 7 月，Adobe 公司推出了新版本的 Photoshop CC，自此，Photoshop CS6 作为 Adobe CS 系列的最后一个版本被新的 CC 系列所取代，而目前最新版本是 2016 年 12 月发行的 Adobe Photoshop CC 2017，如图 1-1 所示。

图 1-1　Photoshop CC 2017 启动界面

■ 1.1.1　Photoshop 的应用领域

利用 Photoshop 可以真实地再现现实生活中的图像，也可以创建出现实生活中并不存在的虚幻景象。它可以完成精确的图像编辑任务，可以对图像进行缩放、旋转或透视等操作，也可以进行修补、修饰图像的残缺等编辑工作，还可以将几幅图像通过图层操作、工具应用等编辑手法，合成完整的、意义明确的设计作品。

（1）平面设计

这是 Photoshop 应用最为广泛的领域，无论是图书封面，还是招贴、海报，这些平面印刷品通常都需要 Photoshop 软件对图像进行处理。

（2）广告摄影

广告摄影作为一种对视觉要求非常严格的工作，其最终成品往往要经过 Photoshop 的修改才能得到满意的效果。

（3）影像创意

影像创意是 Photoshop 的特长，通过 Photoshop 的处理可以将不同的对象组合在一起，使图像发生变化。

（4）UI 设计

网络的普及使得更多的人加入到 UI 设计行业中，这是当下较热门的一个领域，受到越来越多的软件企业及开发者的重视。在当前还没有用于做界面设计的专业软件，因此绝大多数设计者都会使用 Photoshop 来参与设计和制作。

（5）后期修饰

在制作建筑效果图三维场景时，人物与配景包括场景的颜色常常需要在 Photoshop 中增加并调整。

（6）视觉创意

视觉创意与设计是设计艺术的一个分支，此类设计通常没有非常明显的商业目的，但 Photoshop 可为广大设计爱好者提供广阔的设计空间，因此越来越多的设计爱好者开始学习 Photoshop，并进行具有个人特色与风格的视觉创意。

1.1.2　Photoshop CC 新增功能

Photoshop CC 2017 新增并优化了很多非常实用的功能，在此将介绍最具代表性的一些内容。

（1）全新的新建文档对话框

新建文档的预设变得更为智能，不仅展示方式变得更为直接，而且变得更全面、更强大。读者可直接在【新建】对话框中选择各种预设的照片大小、图稿海报大小、文档预设、Web 端各种尺寸预设、移动设备文档大小的预设、移动模块的预设（其中不仅仅有 iPhone、iPad、Watch 的尺寸预设，还增加了应用图标尺寸的预设）。除此之外，还可以在 Stock 文本框中检索素材模板。

（2）增加 SVG 字体样式

在文字的选择中增加了 SVG 字体样式，支持多种矢量格式的表情、序号等元素。利用元素序号输入，大大减少了设计的工作量，还可以在设计中利用序号元素去制作一些选项文本。

（3）搜索变得更为方便

在 Photoshop CC 2017 选项栏右侧增加了搜索栏，能快速地检索功能及内容，这对于新手学习来说，无疑是个非常方便的功能，针对学习时遇到不懂得的内容可直接进行搜索。

（4）与 Adobe XD 做了无缝连接

这次 Photoshop CC 2017 的版本中，该软件与 Adobe XD 做了无缝连接，可以将路径图层直接复制到 Adobe XD 中。

（5）更智能的人脸识别液化滤镜

【液化】滤镜中的人脸识别功能又增强了，可精准处理脸部的各个部位，当然只需勾选中间的【锁链】图标，还是可以像之前的版本一样，同时调整两只眼睛的大小。

（6）【属性】调板的优化

在【属性】调板中除了可以进行常规颜色、外观的调整外，还可以调整选中文本的相关属性。

（7）更好用的【调整边缘】功能

原来的【调整边缘】功能，现在已经变为【选择并遮住】对话框，并优化了其中的选项，使得抠取图像变得更为轻松。

■ 1.1.3　Photoshop CC 工作界面

启动 Photoshop CC 软件后，可以看到全新的软件界面，效果如图 1-2 所示。

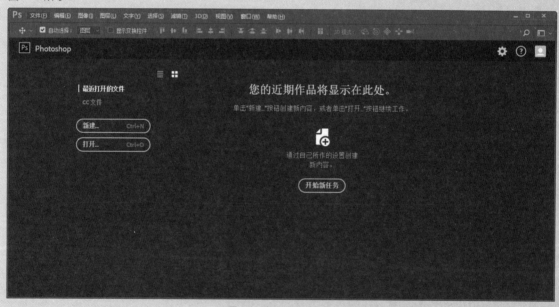

图 1-2　启动后的 PS 界面

从界面中可以看到，左侧可直接打开【新建】和【打开】对话框，当在软件中工作了一段时间后，曾经打开过的图像文件列表会显示在图 1-2 左侧的界面中，单击列表中的图片缩略图，可直接将其打开。

当打开一幅图像或新建文档后，会显示出完整的软件界面，如图 1-3 所示。Photoshop CC 的工作界面主要由标题栏、菜单栏、工具箱、工具选项栏、调板、图像编辑窗口、状态栏等部分组成。

图 1-3　PS 工作界面

1. 菜单栏

　　Photoshop CC 中的菜单栏包含文件、编辑、图像、图层、文字、选择、滤镜、3D、视图、窗口和帮助 11 个菜单，每个菜单里又包含了相应的子菜单。

　　需要使用某个命令时，首先单击相应的菜单名称，然后从下拉菜单列表中选择相应的命令即可。一些常用的菜单命令右侧会显示该命令的快捷键，如【图层】|【图层编组】命令的快捷键为 Ctrl+G，有意识地记忆一些常用命令的快捷键，可以增加操作速度，提高工作效率。

2. 工具选项栏

　　在工具箱中选择了一个工具后，工具选项栏就会显示出相应的工具选项，在工具选项栏中可以对当前所选工具的参数进行设置。工具选项栏所显示的内容随选取工具的不同而不同，图 1-4 所示为【魔棒工具】选项栏。

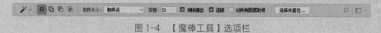

图 1-4　【魔棒工具】选项栏

3. 工具箱

　　Photoshop CC 中的工具箱中包含了大量具有强大功能的工具，这些工具可以在处理图像的过程中，制作出精美的效果，是处理图像的好帮手，如图 1-5 所示。执行【窗口】|【工具】命令可以显示或隐藏工具箱。

图 1-5　工具箱

选择工具时，直接单击工具箱中所需的工具即可。工具箱中的许多工具并没有直接显示出来，而是以成组的形式隐藏在右下角带小三角形的工具按钮中，单击鼠标左键按住该工具不放，即可显示该组所有工具。

4.调板

调板是 Photoshop CC 最重要的组件之一，默认状态下，调板是以调板组的形式停靠在软件界面的最右侧，单击某一个调板图标，就可以打开对应的调板。

使用鼠标单击调板组右上角的双箭头，可以将收缩的调板返回展开状态。在标题空白处单击鼠标左键并进行拖曳，可以将调板组拖出以单独显示，如图 1-6 所示。单击右上角的【折叠为图标】按钮或【展开面板】按钮，可以控制调板组是否展开。

调板可以自由地拆开、组合和移动，用户可以根据需要随意摆放或叠加各个调板，为图像处理提供足够的操作空间，如图 1-7 所示。此外，选择【窗口】菜单中的各个调板的名称，可以显示或隐藏相应的调板。

> **提示一下**
>
> 将光标置于工具图标上停留片刻后，Photoshop CC 会显示该工具的名称和切换至该工具的快捷键。记住常用工具的快捷键，可显著提高工作效率。
>
> 在选择工具时，可配合 Shift 键，如魔棒工具组，按 Shift+W 快捷键，可在快速选择工具和魔棒工具之间进行转换。

图 1-6　展开调板　　　　　　　　　　　　　　　图 1-7　简化调板

单击调板右侧的　按钮，会弹出调板菜单，利用调板菜单中提供的菜单命令可以提高图像处理的工作效率。

5. 图像编辑窗口

　　文件窗口也就是图像编辑窗口，它是 Photoshop CC 设计与制作作品的主要场所。针对图像执行的所有编辑功能和命令都可以在图像编辑窗口中显示，通过图像在窗口中的显示效果，来判断图像的最终输出效果。在编辑图像过程中，可对图像窗口进行多种操作，如改变窗口位置、对窗口进行缩放等。

　　默认状态下打开文件，文件均以选项卡的形式存在于界面中，用户可以将一个或多个文件拖曳出选项卡，单独显示，如图 1-8 所示。

图 1-8　将图像窗口从选项卡中拖曳出来

6. 状态栏

　　新建文档后，状态栏位于文档的底部，单击状态栏底部的三角形按钮 ，可弹出如图 1-9 所示的菜单，从中选择不同的选项，状态栏中将显示相应的信息内容。

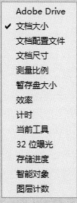

图 1-9　状态栏菜单

> **提示一下**
>
> 　　如不喜欢文件打开时的选项卡方式，可打开【选项卡】对话框，在左侧单击【工作区】选项，取消右侧【以选项卡方式打开文档】和【启用浮动文档窗口停放】选项的选中状态，单击【确定】按钮关闭对话框，然后将 Photoshop 关闭重新启动，这时打开图像文件，文件将不再以选项卡方式打开，而是恢复到以前老版本的文件打开方式。

状态栏菜单各命令的含义如下：

- Adobe Drive：Adobe Drive 可以连接到 Version Cue 服务器。已连接的服务器在系统中以类似于已安装的硬盘驱动器或映射网络驱动器的外观显示。在通过 Adobe Drive 连接到服务器时，可以使用多种方法打开和保存 Version Cue 文件。
- 文档大小：在图像所占空间中显示当前所编辑图像的文档大小情况。
- 文档配置文件：在图像所占空间中显示当前所编辑图像的模式，如 RGB、灰度、CMYK 等。
- 文档尺寸：显示当前所编辑图像的尺寸大小。
- 测量比例：显示当前进行测量时的图像比例。
- 暂存盘大小：显示当前所编辑图像占用暂存盘的大小情况。
- 效率：显示当前所编辑图像操作的效率。
- 计时：显示当前所编辑图像操作所用去的时间。
- 当前工具：显示当前进行编辑图像时用到的工具名称。
- 32 位曝光：编辑图像曝光只在 32 位图像中起作用。
- 存储进度：显示当前文档存储的速度。
- 智能对象：显示当前文件中智能对象的状态。
- 图层计数：显示当前图层和图层组的数量。

1.2　Photoshop 文件基本操作

在学习如何运用 Photoshop CC 处理图像之前，应该先了解软件中一些基本的文件操作命令，如新建文件、打开文件、导入文件以及存储文件等。

1.2.1　新建文件

新建文件是新版 PS 的一大亮点，启动 Photoshop CC 软件后，在开始界面的左侧单击【新建】按钮，即可打开【新建文档】对话框，效果如图 1-10 所示。读者也可在菜单栏里执行【文件】|【新建】命令，或按 Ctrl+N 快捷键，打开【新建文档】对话框设置新文档的尺寸、分辨率、颜色模式等。

对话框左侧列出了最近使用的尺寸设置，可直接单击来新建文档。对话框顶端列出了一些常用工作场景中的不同尺寸设置，如图 1-11 所示。选中一个选项卡后，在对话框中会显示出预设的尺寸，单击所需的选项，可在右侧进行参数修改。修改完毕后，单击【创建】按钮，即可关闭对话框，创建出新文档。

图 1-10 【新建文档】对话框

图 1-11 设置【新建文档】对话框

【新建文档】对话框右侧的选项设置包括以下几项：

- 预设详细信息：可在文本框中输入新建文件的名称，默认状态
  下为【未标题 -1】。
- 宽度 / 高度：设置新文档的尺寸大小。

- 方向：设置文档为竖版或横版。
- 画板：Photoshop CC 的新功能，可以像 Illustrator 的工作环境一样进行编辑，即在一个 PSD 文件中可以包含多个图像文档。
- 分辨率：设置文件的分辨率大小，如果在同样的打印尺寸下，分辨率高的图像会比低分辨率图像包含更多的像素，图像会更清楚更细腻。
- 颜色模式：该下拉列表框中提供了位图、灰度、RGB 颜色、CMYK 颜色杣 Lab 颜色模式。
- 背景内容：确定画布颜色。选择【白色】时，会用白色（默认的背景色）填充背景或第一个图层。选择【背景色】时，会用当前的背景色填充背景或第一个图层。选择【透明】时，会使第一个图层透明，没有颜色值，最终的文件将包含单个透明的图层。
- 颜色配置文件：可选择一些固定的颜色配置方案。
- 像素长宽比：可选择一些固定的文件长宽比例，如方形像素、宽银幕等。

■ 1.2.2　打开文件

在 Photoshop CC 软件启动后，在开始界面的左侧单击【打开】按钮，可打开【打开】对话框，如图 1-12 所示。选择要打开的图像文件，并单击【打开】按钮，即可将文件打开。

图 1-12　【打开】对话框

如果需打开的文件在之前使用过，可在开始界面的右侧列表中通过单击将其打开，如图 1-13 所示。

图 1-13　开始界面中列出曾经打开的文件

1.2.3　导入、置入文件

使用导入命令，可导入相应格式的文件，其中包括变量数据组、视频帧到图层、注释等 4 种格式的文件。操作时执行【文件】|【导入】子菜单中的命令即可。

使用置入命令可以置入 AI、EPS 和 PDF 格式的文件，以及通过输入设备获取的图像。在 Photoshop 中置入 AI、EPS、PDF 或由矢量软件生成的矢量图形时，这些图形将自动转换为位图图像。执行【文件】|【置入嵌入的智能对象】命令，在弹出的【置入嵌入对象】对话框中选择需要置入的文件后单击【置入】按钮即可。

1.2.4　保存文件

保存文件的操作非常简单，当第一次保存文件时，执行【文件】|【存储】命令，或按 Ctrl+S 快捷键，会打开【另存为】对话框，如图 1-14 所示。

当对已经保存的图形文件进行了各种编辑操作后，执行【文件】|【存储】命令时，将不弹出【另存为】对话框，而会直接保存最终确认的结果，并覆盖原始文件。

如果要保留修改过的文件，又不想覆盖之前已经存储过的原文件时，可以执行【文件】|【存储为】命令，弹出【另存为】对话框，在对话框中可以为修改过的文件重新命名，并设置文件的路径和类型。设置完成后，单击【保存】按钮，修改过的文件会被另存为一个新的文件。

图 1-14 【另存为】对话框

■ 1.2.5 关闭文件

执行【文件】|【关闭】命令，或按 Ctrl+W 快捷键，可将当前文件关闭。单击界面右上角的【关闭】按钮或文档标题右侧【关闭】按钮也可关闭文件，若当前文件被修改过或是新建的文件，那么在关闭文件的时候就会弹出一个警告对话框，如图 1-15 所示。单击【是】按钮即可先保存对文件的更改再关闭文件，单击【否】按钮便是不保存文件的更改而直接关闭文件。

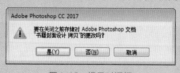

图 1-15 提示对话框

1.3 图像处理的基本概念

在学习 Photoshop CC 的入门阶段，首先需要掌握一些关于图像和图形的基本概念，这样有助于用户对软件的进一步学习，也是步入软件学习和作品创建的必要条件。

■ 1.3.1 位图和矢量图

计算机记录数字图像的方式有两种：一种是用像素点阵方法记录，即位图；另一种是通过数学方法记录，即矢量图。Photoshop 在不断升级的过程中，功能越来越强大，但编辑对象仍是针对位图。

1. 位图图像

位图图像由许许多多的被称为像素的点所组成，这些不同颜色的点按照一定的次序排列，就组成了色彩斑斓的图像。图像的大小取决于像素数目的多少，图形的颜色取决于像素的颜色。位图图像在保存文件时，能够记录下每一个点的数据信息，因而可以精确地记录色调丰富的图像，达到照片般的品质，如图 1-16 所示。位图图像可以很容易地在不同软件之间交换文件，而缺点则是在缩放和旋转时会产生图像的失真现象，同时文件较大，对内存和硬盘空间容量的需求也较高。

图 1-16　位图图像

2. 矢量图形

矢量图形又称向量图，是以线条和颜色块为主构成的图形。矢量图形与分辨率无关，而且可以任意改变大小以进行输出，图片的观看质量也不会受到影响，这些主要是因为其线条的形状、位置、曲率等属性都是通过数学公式进行描述和记录的。矢量图形文件所占的磁盘空间比较少，非常适用于网络传输，也经常被应用在标志设计、插图设计以及工程绘图等专业设计领域。但矢量图较之位图色彩相对单调，无法像位图般真实地展现自然界的颜色变化，如图 1-17 所示。

图 1-17　矢量图形

■ 1.3.2　分辨率

分辨率对于数字图像的显示及打印等方面，起着至关重要的作用，常以"宽 × 高"的形式来表示。分辨率对于用户来说显得有些抽象，一般情况下，分为图像分辨率、屏幕分辨率以及打印分辨率。

1. 图像分辨率

图像分辨率通常以像素 / 英寸来表示，是指图像中每单位长度含有的像素数目。以具体实例比较来说明，分辨率为 300 像素 / 英寸的 1×1 英寸的图像总共包含 90000 个像素，而分辨率为 72 像素 / 英寸的图像只包含 5184 个像素（72 像素宽 ×72 像素高 =5184）。但分辨率并不是越大越好，分辨率越大，图像文件越大，在进行处理时所需的内存和 CPU 处理时间也就越多。不过，分辨率高的图像比相同打印尺寸的低分辨率图像包含更多的像素，因而图像会更加清楚、细腻。

2. 屏幕分辨率

屏幕分辨率就是指显示器分辨率，即显示器上每单位长度显示的像素或点的数量，通常以点 / 英寸（dpi）来表示。显示器分辨率取决于显示器的大小及其像素设置。显示器在显示时，图像像素直接转换为显示器像素，当图像分辨率高于显示器分辨率时，在屏幕上显示的图像比其指定的打印尺寸大。一般显示器的分辨率为 72dpi 或 96dpi。

3. 打印分辨率

激光打印机（包括照排机）等输出设备产生的每英寸油墨点数（dpi）就是打印机分辨率。大部分桌面激光打印机的分辨率为 300dpi ~ 600dpi，而高档照排机能够以 1200dpi 或更高的分辨率进行打印。

> **提示一下**
>
> 图像的最终用途决定了图像分辨率的设定，如果要对图像进行打印输出，则需要符合打印机或其他输出设备的要求，分辨率应不低于 300dpi；应用于网络的图像，分辨率只需满足典型的显示器分辨率即可。

■ 1.3.3　图像格式

图像文件有很多存储格式，对于同一幅图像，有的文件小，有的文件则非常大，这是因为文件的压缩形式不同。小文件可能会损失很多的图像信息，因而存储空间小，而大的文件则会更好地保持图像质量。总之，不同的文件格式有不同的特点，只有熟练掌握各种文件格式的特点，才能扬长避短，提高图像处理的效率，下面将介绍 Photoshop 中图像的存储格式。

Photoshop CC 可以支持包括 PSD、3DS、TIF、JPG、BMP、PCX、FLM、GIF、PNTG、IFF、RAW 和 SCT 等 20 多种文件存储格式。

下面介绍几种常用的文件格式：

- PSD（*.PSD）：该格式是唯一可支持所有图像模式的格式，并且可以存储在 Photoshop 中建立的所有的图层、通道、参考线、注释和颜色模式等信息。因此，对于没有编辑完成，下次需要继续编辑的文件最好保存为 PSD 格式。但由于 PSD 格式所包含的图像数据信息较多，所以尽管在保存时会压缩，但是仍然要比其他格式的图像文件大很多。

- BMP（*.BMP）：BMP 是 Windows 平台标准的位图格式，很多软件都支持该格式，使用非常广泛。BMP 格式支持 RGB、索引颜色、灰度和位图颜色模式，不支持 CMYK 颜色模式的图像，也不支持 Alpha 通道。

- GIF（*.GIF）：GIF 格式也是通用的图像格式之一，由于最多只能保存 256 种颜色，且使用 LZW 压缩方式压缩文件，因此 GIF 格式保存的文件非常轻便，不会占用太多的磁盘空间，非常适合 Internet 上的图片传输。

- EPS（*.EPS）：EPS 是 Encapsulated PostScript 首字母的缩写。EPS 可同时包含像素信息和矢量信息，是一种通用的行业标准格式。在 Photoshop 中打开其他应用程序创建的包含矢量图形的 EPS 文件时，Photoshop 会对此文件进行栅格化，将矢量图形转换为像素。

- JPEG（*.JPEG）：JPEG 文件是一种高压缩比、有损压缩真彩色图像文件格式，所以在注重文件大小的领域应用很广，比如上传在网络上的大部分高颜色深度图像。在压缩保存的过程中与 GIF 格式不同，JPEG 保留 RGB 图像中的所有颜色信息，以失真最小的方式去掉一些细微数据。

- PCX（*.PCX）：PCX 格式普遍用在 IBM PC 兼容计算机上。在当前众多的图像文件格式中，PCX 格式是比较流行的。PCX 格式支持 RGB、索引颜色、灰度和位图颜色模式，不支持 Alpha 通道。PCX 支持 RLE 压缩方式，并支持 1 ~ 24 位的图像。

- PDF（*.PDF）：PDF（可移植文档格式）格式是 Adobe 公司开发的，用于 Windows、Mac OS 和 DOS 系统的一种电子出版软件的文档格式。与 PostScript 页面一样，PDF 文件可以包含位图和矢量图，还可以包含电子文档查找和导航功能，例如电子链接。Photoshop PDF 格式支持 RGB、索引颜色、CMYK、灰度、位图和 Lab 颜色模式，不支持 Alpha 通道。

- Pixar（*.PXR）：Pixar 格式是专为与 Pixar 图像计算机交换文件而设计的。Pixar 工作站用于高档图像应用程序，例如三维图像和动画。Pixar 格式支持带一个 Alpha 通道的 RGB 文件和灰度文件。

- PNG(*.PNG)：PNG 是 Portable Network Graphics(轻便网络图形) 的缩写，是 Netscape 公司专为互联网开发的网络图像格式，由于并不是所有的浏览器都支持 PNG 格式，所以该格式使用范围没有 GIF 和 JPEG 广泛。但不同于 GIF 格式图像的是，它可以保存 24 位的真彩色图像，并且支持透明背景和消除锯齿边缘的功能，可以在不失真的情况下压缩保存图像。

- Scitex CT（*.SCT）：Scitex 是一种高档的图像处理及印刷系统，它所使用的 SCT 格式可以用来记录 RGB 及灰度模式下的连续色调。Photoshop 中的 SCT（Scitex Continuous Tone）格式支持 CMYK、RGB 和灰度模式的文件，但不支持 Alpha 通道。
- Targa（*.TGA；*.VDA；*.ICB；*.VST）：TGA（Targa）格式专用于使用 Truevision 视频版的系统，MS-DOS 色彩应用程序普遍支持这种格式。Targa 格式支持带一个 Alpha 通道 32 位 RGB 文件和不带 Alpha 通道的索引颜色、灰度、16 位和 24 位 RGB 文件。
- TIFF（*.TIFF）：TIFF 格式是印刷行业标准的图像格式，几乎所有的图像处理软件和排版软件都提供了很好的支持，通用性很强，被广泛用于程序之间和计算机平台之间进行图像数据交换。
- Film Strip（*.FLM）：该格式是 Adobe Premiere 动画软件使用的格式，这种格式只能在 Photoshop 中打开、修改并保存，而不能够将其他格式的图像转换成为 FLM 格式的图像，而且在 Photoshop 中如果更改了 FLM 格式图像的尺寸和分辨率，则保存后就不能够重新插入到 Adobe Premiere 软件中了。

■ 1.3.4 图像色彩模式

颜色模式是用来提供将颜色翻译成数字数据的方法，进而使颜色能在多种媒体中得到一致的描述。任何一种颜色模式都是仅仅根据颜色模式的特点表现某一个色域范围内的颜色，而不能将全部颜色表现出来，所以，不同的颜色模式所表现出来的颜色范围与颜色种类也是不同的。色域范围比较大的颜色模式，就可以用来表现丰富多彩的图像。

Photoshop 中的颜色模式有 8 种，分别为位图、灰度、双色调、RGB、CMYK、索引颜色、Lab 颜色和多通道。其中 Lab 包括了 RGB 和 CMYK 色域中所有颜色，具有最宽的色域。颜色模式不仅可以显示颜色的数量，还会影响图像的文件大小，因此，合理地使用颜色模式就显得十分重要。

1. CMYK 模式

CMYK 模式以打印在纸上的油墨的光线吸收特性为基础。理论上，纯青色（C）、洋红（M）和黄色（Y）色素合成后，将吸收所有的颜色并生成黑色，因此该模式也称为减色模式。但由于油墨中含有一定的杂质，所以最终形成的不是纯黑色，而是土灰色，为了得到真正的黑色，必须在油墨中加入黑色（K）油墨。将这些油墨混合重现颜色的过程称为四色印刷。

在准备送往印刷厂印刷的图像时，应使用 CMYK 模式。将 RGB 图像转换为 CMYK 模式即产生分色。如果设计制作时就是从 RGB 图像颜色模式开始的，则最好先在该模式下编辑，只要在处理结束时转换为 CMYK 模式即可。在 RGB 模

式下，可以执行【视图】|【校样颜色】命令模拟 CMYK 转换后的效果，而不必真的更改图像数据，查看过后，再次执行【校样颜色】命令即可返回 RGB 颜色模式。用户也可以使用 CMYK 模式直接处理从高端系统扫描或导入的 CMYK 图像。

2. RGB 模式

红、绿、蓝是光的三原色，绝大多数可视光谱可用红色、绿色和蓝色（RGB）三色光的不同比例和强度混合来产生。在这三种颜色的重叠处产生青色、洋红、黄色和白色。由于 RGB 颜色合成可以产生白色，所以也称为加色模式。加色模式一般用于光照、视频和显示器。

RGB 模式为彩色图像中的每个像素的分量指定一个介于 0（黑色）~255（白色）之间的强度值。当所有像素这三个分量的值相等时，则为中性灰色。新建的 Photoshop 文件颜色模式默认为 RGB 模式。

3. 灰度模式

灰度模式的图像由 256 级的灰度组成。图像的每一个像素都可以用 0 ~ 255 之间的亮度来表现，所以其色调表现力较强，在此模式下的图像质量比较细腻，人们生活中的黑白照片就是很好的例子。

4. Lab 颜色模式

Lab 颜色由亮度分量和两个色度分量组成。L 代表光亮度分量，范围为 0~100。a 分量表示从绿色到红色的光谱变化，b 分量表示从蓝色到黄色的光谱变化。该模式是目前包括颜色数量最广的模式，其最大的优点是颜色与设备无关，无论使用什么设备创建或输出图像，该颜色模式产生的颜色都可以保持一致。

1.4 课堂练习——调整图像的尺寸

在拿到设计素材后，首先要查看素材图像的尺寸，以确定是否适合使用。对于尺寸偏大的图像素材，可以执行【图像】|【图像大小】命令来缩小尺寸。

操作步骤：

01 启动 Photoshop CC 2017，在开始界面中单击【打开】按钮，打开素材文件 \Chapter-01\ "怪兽 .jpg" 文件，效果如图 1-18 所示。之后将该图像文件的尺寸缩小，适合网络上传使用。

02 执行【图像】|【图像大小】命令，打开【图像大小】对话框，如图 1-19 所示。

图 1-18 素材文件

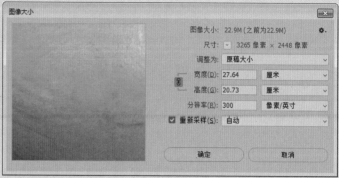

图 1-19 【图像大小】对话框

03 在【图像大小】对话框中，单击【重新采样】复选框，取消该复选框的勾选，效果如图 1-20 所示。取消勾选该复选框后，这时更改宽度、高度或分辨率的参数时，整个文件的尺寸大小是不变的，即分辨率变低，宽度和高度会变大；分辨率变小，宽度和高度则会变大。

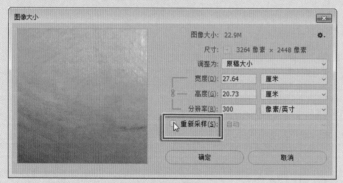

图 1-20 设置选项

04 在对话框中，将【分辨率】参数设置为 72，如图 1-21 所示。

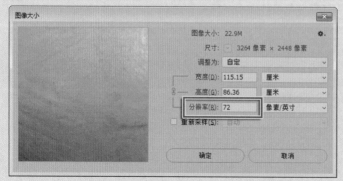

图 1-21 设置分辨率

图像大小命令可以改变图像的分辨率、宽度或高度，图像会随着文件的尺寸变化而发生相应的改变。下面将对对话框中主要选项进行介绍。

缩放样式：在对话框右上角的【设置其他图像大小选项】按钮下，找到【缩放样式】命令，选中该命令后，图像在调整大小的同时，添加的图层样式也会相应地进行缩放。

约束比例：在【宽度】和【高度】选项中间有个锁链图标，选中状态下，【宽度】和【高度】参数栏将链接在一起，表示图像尺寸中的宽度和高度将等比例发生变化。若取消链接状态，则可以单独更改宽度或是高度选项参数。

重新采样：该复选框默认状态下是选中状态，即在改变图像尺寸或分辨率时，图像的像素大小发生变化。此时如果减小图像尺寸或分辨率，图像就必须减少像素；如果增大图像尺寸或分辨率，图像就必须增加像素。

其中若选中【保留细节（扩大）】选项，将小尺寸图像放大时，可在一定程度上保护图像的画质不会太差。

05 在对话框中，重新勾选【重新采样】复选框，如图 1-22 所示。此时再更改宽度或高度的参数时，分辨率将不受影响。

图 1-22　重新勾选【重新采样】复选框

06 将【宽度】或【高度】参数的单位改为【像素】，如图 1-23 所示。

图 1-23　设置参数单位

07 在【宽度】参数栏中，将参数改为 1024，高度参数栏会自动改变，如图 1-24 所示。

图 1-24　设置宽度与高度

1.5　强化训练

项目名称　调整背景图像尺寸

项目需求

　　受某企业单位委托为其制作企业宣传册，其中涉及到封面背景图片需要调整尺寸，使其符合宣传册的页面尺寸大小。

项目分析

　　图像的尺寸根据宣传册页面的具体尺寸而修改，注意修改尺寸时，单击【不约束长宽比】按钮的勾选，分别调整图片的高度、宽度。

项目效果

　　项目效果如图 1-25 所示。

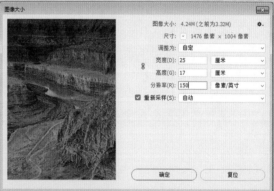

图 1-25　调整图片尺寸

操作提示

01 打开图片，执行【图像】|【图像大小】命令。

02 在打开的【图像大小】对话框中设置宽度、高度、分辨率的数值。

CHAPTER 02
图像选区的
创建

内容导读 READING

在Photoshop中，如果想要针对图像的局部进行调整和修饰，就需要指定一个范围，也就是需要创建选区。选取范围的优劣、准确与否，都与图像编辑的成败有着密切的关系，如何有效地、精确地创建选区，是提高工作效率和图像质量、创作优质作品的前提。

■ 学习目标
∨ 了解创建选区的工具
∨ 熟悉选区储存与载入
∨ 掌握选区的变换与修改
∨ 掌握选区的填充与描边

绘制选区

修饰生活照

2.1 创建选区

Photoshop 提供了大量用以创建选区的工具和命令，利用这些工具和命令可以实现绘制、编辑选区的操作。

■ 2.1.1 规则形状选取工具

使用选框工具组中的工具可以创建规则形状的选区，如方形或是圆形的选区，该工具组中包含了四个工具：矩形选框工具 ▥ 、椭圆选框工具 ◯ 、单行选框工具 ⋯ 和单列选框工具 ▯ 。

1. 矩形选框工具

单击工具箱中的【矩形选框工具】，在图像窗口中按住鼠标左键并拖动，释放鼠标左键即可创建出一个矩形选区，如图 2-1 所示。

图 2-1 绘制矩形选区

2. 椭圆选框工具

右击工具箱中的【矩形选框工具】，在弹出的选框工具列表中选择【椭圆选框工具】，在图像窗口中按住鼠标左键并拖动，释放鼠标左键即可创建一个椭圆选区，如图 2-2 所示。与【矩形选框工具】的选项栏不同，在【椭圆选框工具】选项栏中增加了一个【消除锯齿】选项，勾选该选项可以有效消除选区的锯齿边缘。

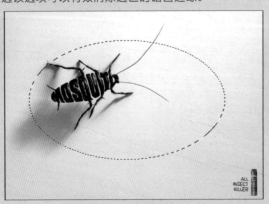

图 2-2 创建椭圆选区

> **提示一下**
>
> 使用矩形选框工具创建选区时，如果按住 Shift 键进行拖动，可建立正方形选区，按住 Alt+Shift 快捷键拖动，可建立以起点为中心的正方形选区。

3. 单行和单列选框工具

右击工具箱中的【矩形选框工具】，在弹出的选框工具列表中选择【单行选框工具】或【单列选框工具】，直接在图像中单击即可创建 1 个像素高度或宽度的选区；将这些选区填充颜色，可以得到水平或垂直直线。

■ 2.1.2　不规则形状选择工具

所谓不规则形状选择工具，是指可以在创建选区时自由绘制或根据图像颜色来创建选区的工具。常用的不规则形状选择工具组包含套索工具组和魔棒工具组。

1. 套索工具组

套索工具组可以通过手工绘制的方法创建选区，其中包含套索工具、多边形套索工具和磁性套索工具 3 个工具。

（1）套索工具

使用套索工具可以自由地创建不规则形状选区。在工具箱中选择【套索工具】🔾后，在图像窗口中按住鼠标左键沿着要选择的区域进行拖动，当绘制的线条完全包含选择范围后释放鼠标，即可得到所需选区，如图 2-3 所示。

图 2-3　绘制选区

（2）多边形套索工具

多边形套索工具🔾可通过单击鼠标指定顶点的方式创建不规则形状的多边形选区，如三角形、梯形等。

选择【多边形套索工具】创建选区时，首先单击确定起始顶点，然后围绕对象的轮廓在各个转折点上单击，确定多边形的其他顶点，在结束处双击即可自动封闭，或者将光标定位在起始顶点上，当光标右下角出现一个小圆圈标记时单击，即可得到多边形选区，如图 2-4 所示。

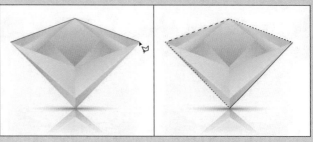

图 2-4　使用【多边形套索工具】创建选区

（3）磁性套索工具

磁性套索工具 适用于快速选择与背景对比强烈且边缘复杂的对象。在该工具的选项栏中合理设置羽化、对比度、频率等参数，可以更加精确地确定选区，如图 2-5 所示。

| | | 羽化：0 像素 | ☑ 消除锯齿 | 宽度：10 像素 | 对比度：10% | 频率：57 | | 选择并遮住 ... | | |

图 2-5　【磁性套索工具】选项栏

选项栏中各选项含义，如下。

- 羽化：设置选区边缘的柔化程度。
- 宽度：指定磁性套索工具在选取时光标两侧的检测宽度，取值范围在 0 ～ 256 像素之间，数值越大，所要查询的颜色就越相似。
- 对比度：指定磁性套索工具在选取时对图像边缘的灵敏度，输入一个介于 1% 和 100% 之间的值。较高的数值将只检测与其周边对比鲜明的边缘，较低的数值将检测低对比度边缘。
- 频率：用于设置磁性套索工具自动插入锚点数，取值范围在 0 ～ 100 之间，数值越大生成的锚点数也就越多，能更快地固定选区边框。

设置好参数后，移动光标至图像边缘单击确定起始锚点，然后沿着图像的边缘移动光标，在图像边缘将自动生成锚点，在终点与起点尚未重合时，双击即可自动封闭，或者当终点与起点重合时，光标右下角出现一个小圆圈标记时单击鼠标，也可封闭选区，如图 2-6 所示。

图 2-6　使用【磁性套索工具】创建选区

在使用磁性套索工具 绘制选区时，如果产生的锚点不符合要求，按 Delete 键可删除上一个锚点，也可单击鼠标手动增加锚点。

2. 魔棒工具组

魔棒工具组包含两个工具：快速选择工具、魔棒工具，可实现依据图像颜色的变化来选择图像的操作。

（1）快速选择工具

快速选择工具 选择颜色差异大的图像时会非常直观、快捷，该工具利用可调整的圆形画笔笔尖快速创建选区。使用该工具绘制时，选区会向外扩展并自动查找和跟随图像中定义的边缘。

> **提示一下**
>
> 使用【多边形套索工具】 创建选区时，按 Delete 键，可将刚刚确定的顶点删除。

在工具箱中选择【快速选择工具】后，在需要选择的图像上单击并拖动鼠标，就可创建选择区域，如图 2-7 所示。

图 2-7 使用【快速选择工具】创建选区

使用快速选择工具创建选区时，按 Shift 键在图像上拖动鼠标，可将拖动经过的图像区域添加到选区内，若是按下 Alt 键在图像上拖动鼠标，可将拖动经过的图像区域从选区内去除。

（2）魔棒工具

魔棒工具 ✎ 可以选择颜色一致的区域，而不必跟踪其轮廓。使用魔棒工具选取时只需在图像中颜色相近区域单击即可，能够选取图像中颜色一定容差值范围内相同或相近的颜色区域，如图 2-8 所示。

图 2-8 使用【魔棒工具】创建选区

通过在魔棒工具选项栏中的设置，可以更好地控制选取的范围大小。选项栏中各选项含义如下。

- 容差：在【容差】参数栏中可输入 0 ~ 255 之间的数值，确定选取的颜色范围。其值越小，选取的颜色范围与鼠标单击位置的颜色越相近，选取范围也越小，其值越大，选取的相邻颜色越多，选取范围就越广。
- 消除锯齿：选中【消除锯齿】复选框，可消除选区的锯齿边缘。
- 连续：选中【连续】复选框，在选取时仅选取与单击处相邻的、

容差范围内的颜色相近区域；否则，会将整幅图像或图层中容差
范围内的所有颜色相近的区域选中，而不管这些区域是否相近。

- 对所有图层取样：选中该复选框后，将在所有可见图层中选取
  容差范围内的颜色相近区域；否则，仅选取当前图层中容差范
  围内的颜色相近区域。

2.1.3　色彩范围命令

色彩范围命令与魔棒工具很类似，都是根据颜色容差范围来创建
选区。执行【选择】|【色彩范围】命令，打开如图 2-9 所示的对话框。

图 2-9　【色彩范围】对话框

打开对话框后，移动鼠标到图像文件中，鼠标变为吸管工具，此
时可在需要选取的图像颜色上单击，对话框内预览框中白色部分即选
中的图像，黑色是选区以外的部分，灰色是半透明区域。

更改【颜色容差】参数，可控制选取图像色彩范围的大小，当数
值越小，选取的颜色范围越小；反之，则范围越大。

在选取颜色的过程中，按住 Shift 键在图像中单击可加选图像；按住
Alt 键在图像中单击可减选。用户也可单击对话框中的【添加到取样】🖊
与【从取样中减去】🖊 按钮，来实现是增加或减少选取颜色像素范围的
目的。

2.2　选区基本操作

创建出选区后，可在现有选区的基础上继续编辑，如反转选区、
移动选区或存储选区等操作。

2.2.1　全选与反选

执行【选择】|【全选】命令（快捷键 Ctrl + A）可以选中整个画

布内的所有图像。在图像中创建选区后，想要选择该选区以外的像素时，可执行【选择】|【反向】命令，快捷键为 Ctrl + Shift + I。

■ 2.2.2　移动选区

创建选区后，可以随意移动选区以调整选区位置，在移动选区时不会影响图像本身效果。一般情况下，可使用当前创建选区的工具来移动选区，将鼠标移动到选区内部单击并拖动即可移动选区。在创建选区的同时也可以移动选区，方法是按下空格键并且拖动鼠标即可。

■ 2.2.3　存储与载入选区

创建选区后，可将其保存起来，以便在需要时重新载入使用。执行【选择】|【存储选区】命令，打开【存储选区】对话框，如图 2-10 所示。在【名称】文本框中可输入名称，然后单击【确定】按钮关闭对话框，将选区存储在通道中，如图 2-11 所示。

将选区保存在通道后，可将选区删除进行其他操作。当想要再次借助该选区进行其他操作时，执行【选择】|【载入选区】命令，打开如图 2-12 所示的对话框，在【通道】选项中指定通道名称即可。当画布中已经存在一个选区时，【载入选区】对话框的【操作】选项组变为可用状态，此时可根据需要选择将载入的选区添加到现有选区或是从现有选区中减去等操作。

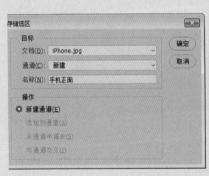

图 2-10　【存储选区】对话框

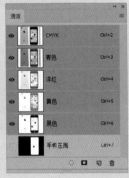

图 2-11　存储的选区

图 2-12　【载入选区】对话框

2.3　编辑选区

使用创建选区的工具与命令有时无法创建出所需的选区形状，这时就需要对创建的选区进行再次编辑，例如添加或者减去选区范围、更改选区的形状以及在现有的选区基础上进行其他操作等。

■ 2.3.1 变换选区

变换选区就是对选区的外观进行放大、缩小等操作。创建选区后，执行【选择】|【变换选区】命令，或者在选区内右击，选择【变换选区】命令，会在选区的四周出现自由变换调整框，该调整框带有 8 个控制点和 1 个中心点，并且在工具选项栏左侧会出现各个控制点和中心点相对应的选项，如图 2-13 所示。

图 2-13　变换选区

下面将对自由变形选项栏中主要选项进行介绍。

- 参考点位置：此选项图标中的 9 个点对应调整框中的 8 个控制点和中心点，单击选中相应的点，可确定为变换选区的参考点。
- 设置参考点的水平和垂直位置：通过输入数值，精确定位选区在水平或垂直方向移动的距离。若启用【使用参考点相关定位】△选项，在 X、Y 参数栏中输入数值，为相对于参考点的距离；若禁用该选项，在 X、Y 参数栏中输入数值，为相对于坐标原点的距离。
- 缩放选项：在 W、H 参数栏中输入数值，可精确选区在垂直或水平方向缩放的比例。单击启用【保持长宽比】⬞选项后，在改变宽度和高度比例时，选区将保持原比例不变。
- 旋转：输入数值可控制旋转选区的角度。
- 设置斜切：在 H、V 参数栏中输入数值，可控制相对于原选区水平或垂直方向斜切变形的角度。
- 在自由变换和变形模式之间切换：启用该按钮切换到变形模式；禁用该按钮返回自由变换模式。
- 取消变换：单击该按钮，取消对选区的变形操作，或按 Esc 键。
- 提交变换：单击该按钮，确认执行对于选区的变形操作，或按 Enter 键。

除了在选项栏中执行相关操作外，在执行【变换选区】命令后，还可以在页面中右击鼠标，在弹出的菜单中可选斜切、扭曲与透视等命令来变换选区形状。

■ 2.3.2　修改选区

在菜单栏中执行【选择】|【修改】命令，该菜单选项组包括边界、平滑、扩展、收缩和羽化，使用其对选区进行更细致的调整。

1. 边界命令

边界命令可将原选区转换为以选区边界为中心，指定宽度的新选区。创建选区后，执行【选择】|【修改】|【边界】命令，打开如图 2-14 所示对话框，其中【宽度】选项是用来设置线条选区的宽度。

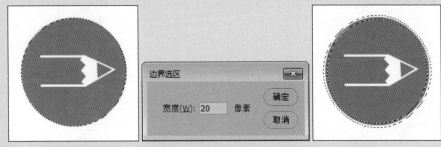

图 2-14　将区域选区转换为线条选区

2. 平滑命令

当遇到带有尖角的选区时，为了使尖角圆滑，可执行【选择】|【修改】|【平滑】命令。在打开的【平滑选区】对话框中，设置【取样半径】的数值越大，选区转角处越为平滑，且使用【平滑】命令之后的选区只有拐角处变得平滑，如图 2-15 所示。

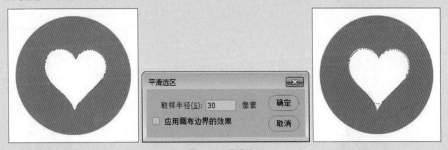

图 2-15　平滑选区

3. 扩展命令

可在原有选区的基础上，根据指定的参数扩大选区范围。执行【选择】|【修改】|【扩展】命令，打开【扩展选区】对话框，【扩展量】选项数值越大，选区越大，如图 2-16 所示。

 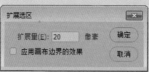 

图 2-16 扩大选区

4. 收缩命令

执行【选择】|【修改】|【收缩】命令，会在原有选区的基础上，根据【收缩量】选项数值的大小将选区范围缩小，如图 2-17 所示。

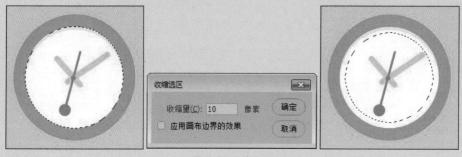

图 2-17 收缩选区

5. 羽化命令

羽化命令是将选区边缘生成由选区中心向外渐变的半透明效果，将选区边缘进行模糊处理。执行【选择】|【修改】|【羽化】命令，在对话框的【羽化半径】参数栏中可输入 0 ～ 255 像素之间任意数字，羽化效果如图 2-18 所示。

图 2-18 羽化选区

下面将讲解在具体操作时，这些命令结合在一起使用的效果。

01 在 Photoshop CC 2017 中打开附带光盘 /Chapter-02/ "祥云 .jpg"，如图 2-19 所示。接下来的操作将为云彩图像添加黄色的背景，并在云彩的边缘保留白色的晕染效果。

02 在工具箱中选择【魔棒工具】，在白色背景上单击创建选区，如图 2-20 所示。

图 2-19　素材图片　　　　　　　　　　　　图 2-20　创建选区

03 在菜单栏中选择【选择】|【反选】命令，将选区反转，如图 2-21 所示。

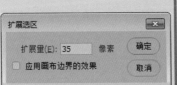

图 2-21　反转选区

04 执行【选择】|【修改】|【扩展选区】命令，打开【扩展选区】对话框，将【扩展量】设置为 35 像素，如图 2-22 所示。

图 2-22　扩展选区

05 执行【选择】|【修改】|【羽化】命令，打开【羽化选区】对话框，将【羽化半径】设置为 40 像素，如图 2-23 所示。

06 执行【编辑】|【复制】命令，再执行【编辑】|【粘贴】命令，将云彩图像复制出来，如图 2-24 所示。

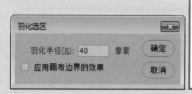 

图 2-23　羽化选区

图 2-24　复制图像

07 在【图层】调板中单击 "背景" 图层，设置填充色为黄色（ C6；M15；Y88；K0 ），按 Alt+Delete 快捷键填充前景色，如图 2-25 所示效果。

图 2-25　填充黄色

■ 2.3.3　选区运算

此处所说的选区运算，其实就是在创建选区时，通过更改选项，在现有选区基础上绘制新选区时更改其形状，比如添加选区范围或是减去选区范围等。Photoshop 中大多数创建选区的工具选项栏中均有这些选项，如图 2-26 中标注的内容。

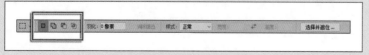

图 2-26　选取工具中的运算模式选项

下面将对创建选区工具选项栏中主要选项进行介绍。

- 新选区■：选取工具默认下选中的选项，在该选项下，每一次绘制都是一个全新范围的选区。
- 添加到选区■：选中该选项后，在视图中绘制新选区时，可保留之前绘制的选区。
- 从选区减去■：选择该选项后，在视图中绘制新选区时，可从现有选区中减去新绘制的选区范围。
- 与选区交叉■：选中该选项后，在视图中绘制选区时，新选区与原选区重叠的部分将保留，其他部分将去除。

2.3.4 选择并遮住

选择并遮住功能可以帮助用户创建细致的选区范围，从而更好地将图像从繁杂的背景中抠取出来，这也是该版本中最让人称道的功能之一。

在 Photoshop 中打开一幅图片，执行以下任意一种操作都可以进入到选择并遮住工作区：

- 执行【选择】|【选择并遮住】命令。
- 在工具箱中选择任意创建选区的工具，然后在对应的选项栏中单击【选择并遮住】按钮。
- 当前图层若添加了图层蒙版，选中图层蒙版缩略图，在【属性】调板中单击【选择并遮住】按钮。

如图 2-27 所示为新版的【选择并遮住】工作区。该功能就是之前版本的【调整边缘】对话框，并且结合了早期版本中的【抽出】功能。从图中可以看出，整个软件界面都是【选择并遮住】工作区，左侧为工具栏，中间为图像编辑操作区域，右侧为可调整的选项设置区域。

提示一下

在绘制选区时，如果当前选中的是【新选区】按钮：按住 Shift 键，可在现有选区下添加新的选区范围；按住 Alt 键，可从现有选区中减去新绘制的选区范围；按住 Alt ＋ Shift 组合键，绘制新选区范围时，只保留与原有选区重叠的部分。

提示一下

在键盘上按下 Ctrl+Alt+R 快捷键，可快速进入选择并遮住工作区内。

图 2-27 【选择并遮住】工作区

在具体操作时，选择左侧工具栏中的工具，然后在选项栏中设置工具选项，在视图中绘制，最后在右侧的【属性】调板中设置相关的选项，控制选区的边缘效果。

下面将介绍左侧工具箱中 5 种工具的含义。

- 快速选择工具：单击或单击并拖动要选择的区域时，可根据图像颜色和纹理相似性进行选择。
- 调整边缘画笔工具：可精确调整选区边缘。若需要在选区中添加诸如毛发类的细节，需要在视图中右击鼠标，在弹出的面板中将【硬度】参数设置小一些或设置为 0。
- 画笔工具：当使用【快速选择工具】粗略选择后，使用【调整边缘画笔工具】对其进行调整，之后可使用画笔工具来完成或清理细节。使用【画笔工具】时可按两种方式微调选区：【扩展检测区域】模式，直接绘制想要的选区；【恢复原始边缘】模式，从当前选区中减去不需要的选区。
- 套索工具：使用该工具可以手动绘制选区。
- 多边形套索工具：使用该工具可以绘制由直线段组成的选区形状。

选区创建完毕后，还可以在右侧的【属性】调板中进一步对选区边缘进行优化。下面将介绍【属性】调板中各选项的含义。

- 视图模式：在该选项下包括 7 种选区视图，单击不同的选项得到的展示效果各不相同。其中选择【图层】选项时，可清楚地观察到选区边缘，如图 2-28 所示。

图 2-28　选择【图层】视图模式

- 半径：该参数决定选区边界周围的区域大小。增加半径可以在包含柔化过渡或细节的区域中创建更加精确的选区边界，比如模糊边界。

- 平滑：该参数减少选区边界中的不规则区域，创建更加平滑的轮廓。

- 羽化：该参数是在选区及其周围像素之间创建柔化边缘过渡，输入一个值或移动滑块以定义羽化边缘的宽度（从 0 ~ 250 像素）。

- 对比度：该参数锐化选区边缘并去除模糊的不自然感。

- 移动边缘：该参数可收缩或扩展选区边界。输入一个值或移动滑块，设置一个介于 0 ~ 100% 之间的数值可进行扩展，或设置一个介于 0 ~ -100% 之间的数值可进行收缩。扩展选区对柔化边缘选区进行微调很有用，收缩选区有助于从选区边缘移去不需要的背景色。

2.4 修饰选区

在 Photoshop 中创建出选区后，可对选区进行颜色填充以及描边等操作。

■ 2.4.1 选区填充

选区创建完毕后，执行【编辑】|【填充】命令，打开【填充】对话框，如图 2-29 右图所示。在该对话框中可以填充单色与图案，以及根据填充的对象设置不同的参数得到不同的填充效果。

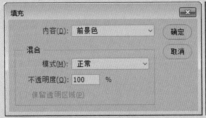

图 2-29　使用【填充】对话框为选区填充前景色

- 内容：在对话框的【内容】下拉列表中，提供了用以填充选区的选项，包括前景色、背景色、图案及指定的颜色等。若使用自定的颜色，可选择【颜色】选项，打开【拾色器（填充颜色）】对话框，设置所需的颜色。若选择【图案】选项，对话框变为如图 2-30 所示效果。可在【自定图案】下拉列表中选择预设的图案选项。

图 2-30   设置图案填充

- 模式：可设置所选填充内容与原图案的混合模式，以产生更丰富的视觉效果。
- 不透明度：可设置填充内容的透明度，参数越小，则透明度越低。
- 保留透明区：启用该选项后，可保护原图像以外的透明区域不被填充颜色或图案。

按下 Ctrl + BackSpace 快捷键，可以直接用背景色填充选区；按下 Alt + BackSpace 快捷键，可以直接用前景色填充选区；按下 Shift + BackSpace 快捷键可以打开【填充】对话框；按下 Alt + Shift + BackSpace 快捷键以及 Ctrl + Shift + BackSpace 快捷键，在填充前景色及背景色时只填充已存在的像素（保留选区中透明区域）。

■ 2.4.2   选区描边

使用描边命令可以为选区添加描边效果。执行【编辑】【描边】命令，或者右击选区选择【描边】命令，打开如图 2-31 所示的对话框。

在默认情况下，描边颜色为工具箱中的前景色，读者可在【颜色】右侧的色块上单击，打开【拾色器（描边颜色）】对话框，设置描边颜色；在【宽度】参数栏中可设置描边的宽度；在【位置】选项组中可选择描边在选区的内部、中间或是外部；【模式】下拉列表可设置描边与图像之间的混合模式效果；【不透明度】参数可设置描边的透明度，参数越低，透明度越低。

图 2-31   为选区描边

2.5 课堂练习——修饰生活照

选区的编辑在设计制作中是最为基础的操作，也是复杂设计中必不可少的操作。下面将以一个修饰照片的小实例来展示编辑选区的操作。

操作步骤：

01 启动软件后，打开附带光盘 \Chapter-02\ "宝贝 .jpg"、"背景 .jpg" 文件，如图 2-32 所示。

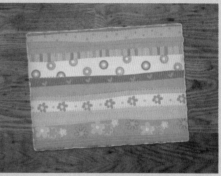

图 2-32 原始素材

02 在工具箱中选择【椭圆选框工具】◯，在其选项栏中单击【添加到选区】◻ 按钮，如图 2-33 所示。

图 2-33 设置选项栏

03 使用【椭圆选框工具】◯ 在视图中绘制一个大圆，效果如图 2-34 所示。

图 2-34 绘制选区

04 继续使用【椭圆选框工具】◯ 在 "宝贝 .jpg" 图像视图中绘制椭圆，效果如图 2-35 所示。

图 2-35　绘制多个椭圆

05 在选项栏中单击【新选区】 按钮，移动光标到选区内部，
适当调整选区位置，效果如图 2-36 所示。

图 2-36　调整选区位置

06 执行【编辑】|【复制】命令，单击"背景.jpg"文件，执行【编
辑】|【粘贴】命令，将拷贝的图像粘贴到"背景.jpg"文件中，
之后将"宝贝.jpg"文件关闭。

07 执行【编辑】|【自由变换】命令，参照图 2-37 所示调整图
像大小，设置完毕后按 Enter 键，确定变换。

图 2-37　调整图像大小

08 在【图层】调板中，单击【创建新图层】🗗 按钮，新建"图层2"，如图 2-38 所示。

图 2-38　新建图层

09 按 Ctrl 键，在【图层】调板中单击"图层 1"的图层缩览图，将该图层的选区载入，如图 2-39 所示。

图 2-39　载入选区

10 执行【编辑】|【描边】命令，打开【描边】对话框，参照图 2-40 所示进行设置，为图像添加 8 像素宽的黄色描边，设置完毕后执行【选择】|【取消选择】命令，取消选区，此时的图像效果如图 2-40 所示。

图 2-40　添加描边效果

2.6　强化训练

项目名称　绘制漫画作品

项目需求

接到某儿童教育文化中心通知为其制作一组动物卡通形象，作为赠予报名参加演出者的贴画礼物，主要目的是为了增加儿童报名参加演出的积极性。设计要求形象化、可爱，且颜色搭配要舒适，符合儿童的审美眼光。

项目分析

在制作卡通动物形象时，选择儿童最常见且辨识度很高的动物作为参照。填充色彩时，选用黄色、蓝色、浅灰色等搭配较舒适的颜色。

项目效果

项目效果如图 2-41 所示。

图 2-41　漫画作品

操作提示

01 手绘图形，通过拍照或扫描的方式导入电脑中。

02 并拖入 Photoshop 软件中，使用钢笔工具绘制图形。

03 新建图层并填充颜色，注意图层之间的先后关系。

CHAPTER 03
图层的应用

内容导读 READING

图层在Photoshop中起着至关重要的作用，通过图层，可以对图形、图像以及文字等元素进行有效的管理，为创作过程提供了有利的条件。图层的运用非常灵活，也很简便，希望通过本章的学习，大家可以对图层的知识充分掌握，并且可以熟练地进行图层操作。

■ 学习目标
∨ 了解图层的基本概念
∨ 熟悉图层的基本操作
∨ 掌握图层的对齐与分布
∨ 掌握图层组的新建与管理

拷贝图像

降低图层透明度

3.1 图层的概念

图层是 Photoshop 创作的根本，因为有了分层，才可以实现不同图形图像的拼合，实现丰富多彩的设计图案。

■ 3.1.1 图层的基本概念

图层是 Photoshop 软件的核心功能，在图层上工作就像是在一张看不见的透明画布上画画，很多透明图层叠在一起，构成了一个多层图像。每个图像都独立存在一个图层上，通过改动其中某一个图层的图像，不会影响到其他图层的图像，且优秀作品都离不开图层的灵活运用。

图层就是一幅幅图像按照先后顺序堆叠起来的。每一幅图像就是一个单独的图层，可以更改它的位置、透明度，以及对其进行变形处理等操作，如图 3-1 所示。

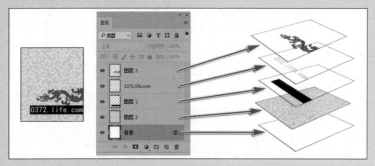

图 3-1 图层构成模式

■ 3.1.2 图层调板

所有的图层都集聚在图层调板中，无论多么复杂、繁多的图层，都需要在图层调板中进行分门别类的编辑和管理，如图 3-2 所示。

图 3-2 【图层】调板中繁多的图层

在制作复杂的图像效果时，图层调板会包含多种类型的图层，每种类型的图层都有不同的功能和用途，适合创建不同的效果，其在图层调板中的显示状态也各不相同，效果如图 3-3 所示。

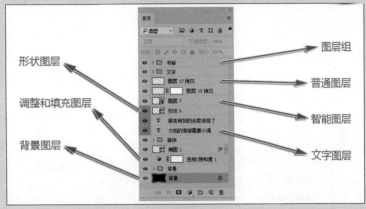

形状图层

调整和填充图层

背景图层

图层组

普通图层

智能图层

文字图层

图 3-3　图层类别

下面将对图层类别进行详细介绍。

- 普通图层：只包含图像的图层。
- 智能图层：包含有嵌入的智能对象图层，在放大或缩小含有智能对象的图层时，不会丢失图像像素。
- 图层组：当图层调板中的图层数量较多时，可以通过创建图层组来组织和管理图层，以便于查找和编辑图层。
- 文字图层：使用文本工具输入文字时，即可创建文字图层，文字图层在栅格化之前可以随时进行编辑修改。
- 形状图层：带有矢量形状的图层，由于矢量图层不受分辨率的限制，因此在进行缩放时可保持对象边缘光滑无锯齿，并且修改也较为容易，常用来创建图形、标志等。
- 调整和填充图层：通过填充纯色、渐变、图案或色彩调整图层，创建特殊效果的图层。
- 背景图层：背景图层位于图层调板的最下面，该图层不能移动、修改混合模式、设置透明度和添加蒙版等操作，但是，可以双击将其解锁转化为普通图层。

3.2　管理图层

在 Photoshop 中，编辑操作都是基于图层进行的，比如创建新图层、复制图层、删除图层等。了解图层的编辑操作后，才可以更加自如地编辑图像，以提高工作效率。

■ 3.2.1　图层的基本操作

图层的基本操作包括选择图层、显示图层、复制图层以及调整图层顺序等，这些都是进行复杂设计操作的基础。

1. 新建图层

单击【图层】调板中【创建新图层】按钮（快捷键 Ctrl + Shift + N）可创建新图层，或是执行【图层】|【新建】|【图层】命令，打开【新建图层】对话框，通过该对话框可新建图层，如图 3-4 所示。

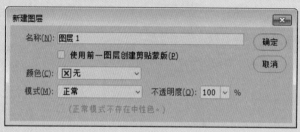

图 3-4　【新建图层】对话框

2. 显示与隐藏图层

在【图层】调板中，单击【指示图层可视性】按钮，可在显示和隐藏图层之间切换。

3. 复制图层

复制图层的方法有以下几种：

- 选择图层，执行【图层】|【复制图层】命令，在弹出的【复制图层】对话框中输入新图层名称，单击【确定】按钮即可复制当前图层，如图 3-5 所示。

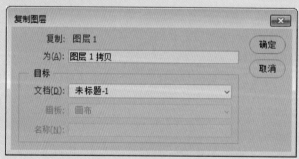

图 3-5　【复制图层】对话框

- 选择要复制的图层，使用鼠标将该图层拖动到【创建新图层】按钮上即可复制图层。
- 执行【图层】|【新建】|【通过拷贝的图层】命令，或是按下键盘上的 Ctrl + J 快捷键，复制当前图层。

4. 选择和删除图层

在【图层】调板中单击图层，可选中图层。单击【删除图层】🗑 按钮即可将选中的图层删除；将图层拖动到【删除图层】按钮上并松开鼠标，可删除图层；选中图层后按下键盘上的 Delete 键，可直接删除所选图层。

5. 修改图层名称

在【图层】调板中的图层名称上双击鼠标，可更改图层名称，如图 3-6 所示。

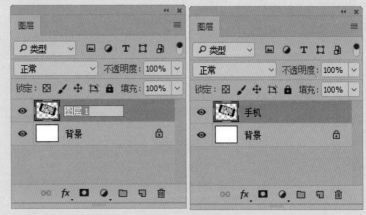

图 3-6　更改图层名称

6. 调整图层顺序

更改图层顺序，可调整图像的显示效果。调整图层顺序的方法有以下几种：

● 选择图层，执行【图层】|【排列】|【前移一层】命令（快捷键 Ctrl +]），该图层就可以上移一层。如果要将图层下移一层，执行【图层】|【排列】|【后移一层】命令（快捷键 Ctrl + [ )。

● 选择要调整顺序的图层，同时拖动鼠标到目标图层上方，然后释放鼠标即可调整该图层顺序。

● 选择一个图层，按下快捷键 Shift + Ctrl +]，可以将该图层置为顶层；按下快捷键 Shift + Ctrl + [，可以将该图层置为底层。

7. 链接图层

当需要对多个图层进行移动、旋转、缩放等操作时，需要将这些图层链接在一起。按下键盘上的 Ctrl 键，依次单击【图层】调板中需要链接图层名称右侧的空白处，将其选中，再单击【图层】调板下方【链接图层】🔗 按钮即可，如图 3-7 所示。

图 3-7　链接图层

8. 锁定图层

锁定图层可以保护图层的透明区域、图像的像素、位置等不会因编辑操作而被改变，用户可以根据实际需要锁定图层的不同属性，锁定图层的全部属性时，图层将不能被编辑，如图 3-8 所示。

图 3-8　锁定图层的部分属性

- 锁定透明像素 ▣：单击该按钮后，图层的透明部分将被保护起来不被编辑。
- 锁定图像像素 ✔：单击该按钮，可防止使用绘画工具修改图层的像素，启用该项功能后，用户只能对图层进行移动和变换操作，而不能对其进行绘画、擦除或应用滤镜。
- 锁定位置 ✛：单击该按钮后，可防止图层被移动，对于设置了精确位置的图像，将其锁定后就不必担心被意外移动了。
- 防止在画板内外自动嵌套 ⛶：锁定视图中指定的内容，以禁止在画板内部和外部自动嵌套，或指定给画板内的特定图层，以禁止这些特定图层的自动嵌套。
- 锁定全部 🔒：单击该按钮后，可锁定以上全部选项。

■ 3.2.2 编辑图层

对图层有了初步了解后,接下来就对图层进一步学习,以便对图层有更深的理解。

1. 设置图层不透明度

在【图层】调板中,【不透明度】和【填充】参数栏可控制图层的透明度。

● 不透明度: 控制图层的透明度, 参数越低透明度越高, 如图 3-9 所示。

图 3-9 设置透明度

● 填充: 与【不透明度】参数相似,也是用来设置图层的不透明度,【填充】选项只影响图层中绘制的像素或图层上绘制的形状,不影响图层中添加图层样式的透明度, 如图 3-10 所示。

原图　　　　　　　　　　降低图层不透明度　　　　　　　降低填充不透明度

图 3-10 填充与不透明度参数对比效果

2. 合并图层

合并图层是指根据创作设计的需要,合并图层组或是两个或两个以上的图层,可以减少文件中的图层数目和文件所占用的磁盘空间,提高软件运行速度。

在【图层】菜单下,有 3 项命令可实现合并图层,分别是向下合并、合并可见图层、拼合图层命令。

● 向下合并: 该命令是将当前图层合并到下方图层中去, 不会影响其他图层。只有下方图层为可见的情况下,才能实现【向下合并】命令。当选中的是图层组时,该命令变为【合并组】命令,执行该命令可将图层合并为一个普通图层。

● 合并可见图层: 如果不想把全部的图层合并, 只想合并个别图层, 就可以将不合并的图层隐藏,再执行【合并可见图层】命令,可见图层将会被合并，隐藏图层保持不变。

- 拼合图层：将图像中所有的图层拼合到背景层上成为一个图层，如果没有背景层，将合并到底图层上。如果在合并图像时中间有隐藏图层，将会弹出对话框提示是否丢弃隐藏的图层，如图3-11所示。单击【确定】按钮丢掉隐藏的图层，将所有图层合并；单击【取消】按钮，则所有图层保持原状不变。

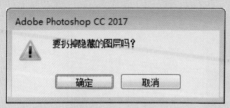

图 3-11　提示对话框

提示一下

　　【向下合并】命令的快捷键为 Ctrl+E；【合并可见图层】命令的快捷键为 Shift+Ctrl+E。

3.3　对齐与分布图层

可以根据需要重新调整图层内图像的位置，使它们按照一定的方式沿直线自动对齐或者按一定的比例分布。

3.3.1　对齐图层

要对齐图层必须是选择两个或者两个以上的图层，当选中两个图层或两个以上的图层时，选项栏中的对齐按钮将被激活，如图3-12所示。

图 3-12　对齐与分布选项

当把鼠标放置在相应按钮上停顿两秒后，将会显示出该按钮的功能名称，各个按钮功能含义如下。

- 顶对齐 ：将选定图层上的顶端像素与所有选定图层顶端的像素对齐，或选区边缘对齐。
- 垂直居中对齐 ：将选定图层上的垂直中心像素，与所有选定图层的垂直中心像素对齐。
- 底对齐 ：将选定图层上的底端像素，与所有选定图层底端的像素对齐。
- 左对齐 ：将选定图层上的最左端像素，与所有选定图层最左端像素对齐。
- 水平居中对齐 ：将选定图层上的水平中心像素，与所有选定图层的水平中心像素对齐。
- 右对齐 ：将选定图层上的最右端像素，与所有选定图层的最右端像素对齐。

■ 3.3.2　分布图层

分布图层命令用来调整多个图层之间的距离，控制多个图像在水平或垂直方向上按照相等的间距排列。同时选择 3 个或者 3 个以上的图层，单击【移动工具】 + 按钮，选项栏中的分布按钮就会被激活。各个按钮功能含义如下。

- 按顶分布 ：从每个图层顶端的像素开始，间隔均匀地分布图层。
- 垂直居中分布 ：从每个图层的垂直中心像素开始，间隔均匀地分布图层。
- 按底分布 ：从每个图层底端的像素开始，间隔均匀地分布图层。
- 按左分布 ：从每个图层最左端的像素开始，间隔均匀地分布图层。
- 水平居中分布 ：从每个图层的水平中心开始，间隔均匀地分布图层。
- 按右分布 ：从每个图层最右端的像素开始，间隔均匀地分布图层。

3.4　编辑图层组

在设计创作时如果涉及的素材元素较多，则使用的图层数量也会很多，这将不利于查找图层和编辑内容。这时可将图层分门别类地放入到不同的图层组中进行管理，如图 3-13 所示。该绘制作品中包含了上百个图层，并在图层组中套用了图层组。当使用图层时可打开图层组，不使用时可折叠起来，节省图层的空间，方便查找内容。

图 3-13　使用图层组工作

■ 3.4.1 新建图层组

新建的图层组会在当前图层上方显示，此时图层组系统默认为打开，如果新建图层会自动新建到图层组里。关闭图层组即可在图层组上方新建图层。创建图层组有以下几种方法。

1. 通过图层菜单

执行【图层】|【新建】|【组】命令，弹出【新建组】对话框，如图 3-14 所示，可以根据个人所需设置图层组信息。单击【确定】按钮，关闭对话框创建出新的图层组。

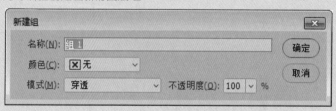

图 3-14　【新建组】对话框

选中要编组的图层，执行【图层】|【新建】|【从图层建立组】命令，弹出【从图层新建组】对话框，如图 3-15 所示。单击【确定】按钮，将选中的图层直接编组。

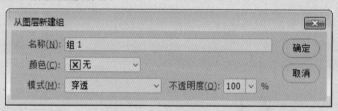

图 3-15　从图层建立新组

2. 使用创建新组按钮

单击【图层】调板底部的【创建新组】 🗀 按钮，将会直接创建出图层组，名称为默认的"组 1"，以此类推。创建出图层组后，可将图层拖动到图层组中。

■ 3.4.2 管理图层组

创建图层组之后，可对图层组进行添加图层、复制、删除、锁定图层组等编辑操作。

1. 在图层组中添加图层

想要将图层加入到图层组内，可使用【移动工具】 ✛ 拖动图层到图层组名称上，松开鼠标，图层即可加入到图层组中，且置于图层组的最上方显示。

2. 复制图层组

执行【图层】|【复制组】命令，弹出【复制组】对话框，在该对话框中设置所需信息，即可复制图层组，如图 3-16 所示。另一种方法就是在【图层】调板中，拖曳要复制的图层组到底部的【创建新图层】按钮上复制图层组，此时不会弹出对话框，该图层组名称为系统默认名称。

图 3-16 【复制组】对话框

3. 删除图层组

如果不想要图层组来管理图层或不想要组和组中的内容，可执行【图层】|【删除】|【组】命令，弹出提示对话框，根据个人所需，选择相应选项，如图 3-17 所示。

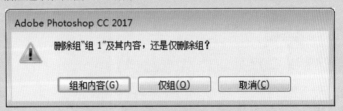

图 3-17 提示对话框

提示对话框中各个按钮功能如下。

- 组和内容：删除整个图层组，包含组内的所有图层。
- 仅组：只删除图层组，组内的图层不删除，脱离图层组。
- 取消：取消本次删除操作。

3.5 课堂练习——拼合图像

图层的堆叠丰富了图像效果，形成各式各样的拼合图像效果，接下来和读者一起制作一幅以假乱真的小场景。

操作步骤：

01 启动软件，打开附带光盘 \Chapter-03\ "相框 .jpg" 文件，效果如图 3-18 所示。

02 选择工具箱中的【快速选择工具】，在相框图像的四周单击并拖动鼠标，将背景图像选中，如图 3-19 所示。

03 执行【选择】|【反选】命令，将相框图像选中，如图 3-20 所示。

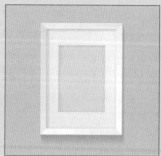

图 3-18 原始素材

图 3-19 创建选区

图 3-20 反转选区

04 执行【编辑】|【复制】命令，将选区内的图像复制下来。

05 打开附带光盘 /Chapter-03/ "背景 .jpg"，如图 3-21 所示。

06 执行【编辑】|【粘贴】命令，将图像复制到当前文档中，如图 3-22 所示。

图 3-21 素材文件

图 3-22 复制图像

07 打开附带光盘 \Chapter-03\ "建筑 .jpg" 文件，如图 3-23 所示。

08 使用【移动工具】 ⊕ 拖动建筑图像至 "背景 .jpg" 文档中，如图 3-24 所示。

图 3-23 素材文件

图 3-24 添加建筑图像

09 执行【编辑】|【自由变换】命令，调整图像大小，按 Enter 键，结束如图 3-25 所示。

10 执行【图层】|【向下合并】命令，将"图层 2"合并到"图层 1"中，如图 3-26 所示。

图 3-25　变换图像大小　　　　　　　　　　　　　图 3-26　合并图层

11 执行【编辑】|【自由变换】命令，将图像缩小，如图 3-27 上图所示。按 Ctrl+Shift+Alt 快捷键，使用鼠标单击变换框的右上角，向左侧拖动鼠标，将相框的上端变窄，如图 3-27 下图所示。变换完毕后按 Enter 键确认变换操作。

图 3-27　变换图像

12 在【图层】调板中，按 Ctrl 键的同时，单击【创建新图层】
□ 按钮，在当前图层的下方新建图层，如图 3-28 所示。

图 3-28　新建图层

13 单击工具箱中的前景色按钮，打开【拾色器（前景色）】
对话框，设置其参数，如图 3-29 所示。设置完毕后关闭对话框。

图 3-29　设置前景色

14 选择工具箱中的【画笔工具】，并设置画笔为羽化画笔，
在相框的底部绘制深色阴影图像，如图 3-30 所示。

图 3-30　绘制阴影

15 在【图层】调板中，单击【新建】按钮新建图层，如图 3-31 所示。
16 使用【画笔工具】继续绘制相框右侧的阴影，如图 3-32
所示。

图 3-31 新建图层   图 3-32 绘制阴影

17 在【图层】调板中，设置"图层 3"的不透明度为 30%，提
高图层透明度，最终完成该实例的效果，如图 3-33 所示。

图 3-33 提高图层透明度

3.6 强化训练

项目名称 制作合成相机拍照真实效果

项目需求

受淘宝某商家委托为其制作一张相机拍照的效果合成图，作为相机拍照的一个展示效果进行宣传可以吸引更多的顾客进行购买。设计要求清新、真实，且展示效果较强。

项目分析

在制作时，选择桌面纹理作为背景，将照片进行变形制作卷曲效果并添加投影效果，利用真实图片进行抠图合成图像。

项目效果

项目效果如图 3-34 所示。

图 3-34 相机拍照的效果合成图

操作提示

01 置入素材图像，调整图层的先后顺序。

02 绘制矩形与底部图片进行合成，并进行变换制作卷曲效果。

03 再次置入人像图片与相机图片，进行裁剪合成最终效果。

CHAPTER 04
文字工具的
应用

内容导读 READING

众所周知，Photoshop是图像处理领域的巨无霸，在出版印刷、广告设计、美术创意、图像编辑等领域得到了极为广泛的应用，是平面、三维、建筑、影视后期等领域设计师必备的一款图像处理软件。

■ 学习目标

了解文字工具的应用
掌握文本的格式设置
掌握路径文字的输入与编辑
掌握将文字转换成路径

置入素材文件

制作特效文字

4.1 在图像中添加文字

在 Photoshop 软件中，文字属于一项很特别的图像结构，它由像素组成，与当前图像具有相同的分辨率，字符被放大不会有锯齿，它具有矢量边缘的轮廓，放大和缩小都不会模糊，如图 4-1 所示是在设计作品中应用文字的效果。

图 4-1　设计作品中的文字

■ 4.1.1　横排文字工具和直排文字工具

在工具箱中，用来创建文本的工具有两种：横排文字工具和直排文字工具。这两种工具的使用方法是相同的，只是一个创建的是横排文本，一个创建的是直排文本，在此以横排文字工具 T 的使用方法为例进行讲述。

1. 创建点文本

使用文字工具创建点文本的操作如下。

01 打开一幅图片，在工具箱中选择【横排文字工具】，其工具选项栏如图 4-2 所示。在其中可以设置字体、字号、颜色、对齐方式等属性。

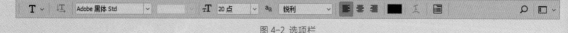

图 4-2　选项栏

02 使用【横排文字工具】在图像中单击，文档中将会出现一个闪动光标，输入文字后，Photoshop 将自动创建一个缩略图显示为 T 的图层，如图 4-3 所示。这是创建的横排文字图层。

图 4-3　创建文字

03 在视图中输入所需的文本内容，如图 4-4 所示。

图 4-4　输入文本

04 单击选项栏中的【切换文本取向】⏏按钮，可将文字方向在横排或竖排之间切换，如图 4-5 所示。此时转换成的竖排文本，与使用【直排文字工具】┃T┃创建的文本效果相同。

图 4-5　切换文本方向

05 使用【横排文字工具】在文字上拖动或换 Ctrl+A 快捷键，选中全部文本，如图 4-6 所示。

图 4-6　选中全部文本

06 在选项栏中单击设置文本颜色的色块，打开【拾色器（文本颜色）】对话框，设置颜色，如图 4-7 所示。完成设置之后单击【确定】按钮将对话框关闭。

07 移动光标到文本以外的图像区域，单击并拖动鼠标，可移动文本位置，如图 4-8 所示。

图 4-7 设置文本颜色 　　　　　　　　　　　　　　图 4-8 移动文本位置

08 完成文本的编辑后，在选项栏中单击✔按钮或单击当前的
文本图层，可完成编辑。

09 在选项栏中字号 𝐓 按钮右侧的参数栏中输入数值，可更改
文本的大小，如图 4-9 所示。

　　当文字处于选中状态时，可输入文字并对文字进行编辑。但如果
要执行其他操作，则必须结束对文字图层的编辑才能进行。在该版本中，
文字编辑完毕后，将光标移动到远离文本的区域，当光标变成白色时
单击，可直接完成文本编辑工作的确认操作，在先前的版本中无法实
现该操作，如图 4-10 所示。

> **提示一下**
>
> 　　在输入和编辑文字
> 时，按下 Enter 键可以换
> 行。结束输入文字可按
> Ctrl+Enter 快捷键，或者
> 按下小键盘上的 Enter 键。

图 4-9 设置文本大小 　　　　　　　　　　　　　　图 4-10 单击确认文本操作

　　需要重新编辑文字时，在【图层】调板中双击文字图层缩览图，
可选中全部文字。或使用【横排文字工具】在文字上单击激活文字，
即可重新编辑。

2. 创建段落文本

　　使用文字工具创建段落文本的操作如下。

01 使用【横排文字工具】在视图内拖动鼠标可以创建出一个
文本框，效果如图 4-11 所示。

02 在文本框中直接输入段落文本，如图 4-12 所示。输入段落文本后，就可以根据需要设置段落文本属性，如颜色、大小、字体等，这些设置方法与编辑点文本的操作相同。

03 设置完毕后单击【提交所有当前编辑】按钮，完成段落文本的录入，如图 4-13 所示。

图 4-11　创建文本框

图 4-12　输入文本

图 4-13　完成文字编辑

■ 4.1.2　横排与直排文字蒙版工具

使用横排文字蒙版工具 T. 和直排文字蒙版工具 IT. 可以创建出文字形的选区。具体操作方法如下。

01 选择【横排文字蒙版工具】，并设置文字的各项属性，将【横排文字蒙版工具】 T. 移动到图像窗口中单击，此时视图进入蒙版编辑模式，如图 4-14 所示。

图 4-14　使用【横排文字蒙版工具】在视图中单击

02 在其中输入文本，红色的区域为选区以外的内容，如图 4-15 所示。

图 4-15　在蒙版中输入文本

03 完成文字编辑后单击☑按钮，文字蒙版区域将转换为文字的选区范围，为选区填充颜色，效果如图 4-16 所示。

图 4-16　完成编辑后为选区填充颜色

4.2　文本的格式设置

　　文本添加以后，接下来就是对文本的各项属性进行设置，使其更适合设计作品的要求，这就需要使用【字符】和【段落】调板。下面就针对这两个调板做详细介绍。

■ 4.2.1　设置文字字符格式

　　执行【窗口】|【字符】命令，可以打开或隐藏【字符】调板，在该调板中可以精确地控制所选文字的字体、字号、颜色、行间距、字间距和基线偏移等属性，方便文字的编辑，如图 4-17 所示。

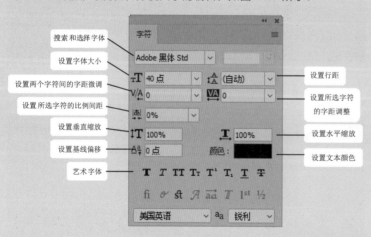

图 4-17　【字符】调板

提示一下

选中文字所在图层，使用快捷键 Ctrl+T 可变换文字大小；当文字处于编辑状态时，按下快捷键 Ctrl+T，可打开或关闭【字符】调板。

字符调板主要选项及按钮的含义如下。

- 搜索和选择字体：在该下拉列表框中，可搜索或选择所需的字体或字型。
- 设置字体大小：选中文本后，可在【设置字体大小】下拉列表中设置字体大小。
- 设置行距：行距是指文字行之间的间距量。间距控制文字行之间的距离，若设为自动，间距将会跟随字号的改变而改变，若为固定的数值时则不会。因此如果手动指定了行间距，在更改字号后一般也要再次指定行间距。如果间距设置过小就可能造成行与行的重叠。
- 垂直缩放和水平缩放：这两种选项可以指定文字高度和宽度的比例，相当于将字体变高或变扁，数值小于 100% 为缩小，大于 100% 为放大，如图 4-18 所示分别为标准、竖向 50%、横向 50% 的效果。

图 4-18　设置字体缩放

- 设置所选字符的字距调整：设置文本与文本之间的间距。
- 设置所选字符的比例间距：按指定的百分比值减少字符周围的空间，字符本身并不因此被伸展或挤压。当向字符添加比例间距时，字符两侧的间距按相同的百分比减小，百分比越大，字符间压缩就越紧密。
- 设置文字颜色：为创建的文本更换颜色，选中文字文本，单击色块，可通过打开的【拾色器（文本颜色）】对话框选取所需颜色。
- 设置文字样式：在【字符】调板的底部有一排设置字体样式的属性栏，该选项包含了有关字符的多种功能，如加粗、倾斜、全部大写字母等。
- 设置消除锯齿的方法：该选项中有五种可设置消除锯齿的方法，其中，【锐利】使文字边缘显得最为锐利；【犀利】使文字边缘显得稍微锐利；【平滑】使文字边缘更光滑；【浑厚】显得文字粗重；【无】就是不应用该项。

■ 4.2.2　设置文字段落格式

【段落】调板可对段落文本的属性进行细致的调整，还可使段落

文本按照指定的方向对齐。执行【窗口】|【段落】命令，即可打开该
调板，如图 4-19 所示。

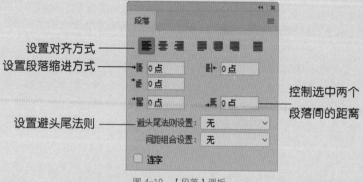

图 4-19 【段落】调板

选中段落文本后，利用【段落】调板中的对齐按钮，可使选中的
段落文本按左对齐或者右对齐方式对齐文本。下面对其中的主要参数
进行介绍。

- 左对齐文本：将文字左对齐，段落右端则参差不齐。
- 居中对齐文本：文字将居中对齐，段落两边则是参差不齐。
- 右对齐文本：文字段落的右边对齐，左边文本参差不齐。
- 最后一行左对齐：段落两边左右对齐，最后一行居左对齐。
- 最后一行居中对齐：段落两边左右对齐，使最后一行文字居中
  对齐。
- 最后一行右对齐：段落两边左右对齐，将最后一行文字右对齐。
- 全部对齐：将使所有文本两端对齐。
- 左缩进：设置该段落向右的缩进，直排文字时控制向下的缩
  进量。
- 右缩进：设置该段落向左的缩进，直排文字时控制向上的缩
  进量。
- 首行缩进：设置首行缩进量，即段落的第一行向右或者直排文
  字时段落的第一列向下的缩进量。
- 段前添加空格和段后添加空格：设置段落与段落之间的空余。
  如果同时设置段前和段后分隔空间，那么在各个段落之间的分
  隔空间则是段前和段后分隔空间之和。

4.3 文字的编辑

Photoshop 软件中的滤镜效果、画笔、橡皮擦、渐变等绘图工具
以及部分菜单命令，不能直接应用到文字图层，如果想要应用其效果，
必须将文字图层栅格化。在进行文字编辑时，还可以将文字变形、转
换为形状，以及创建沿路径绕排的文字。

■ 4.3.1　变形文字

文字变形是文字图层的属性之一，可以根据选项创建出不同样式的文字效果。使用文本工具选中文本图层后，在选项栏中单击【创建文字变形】按钮，打开【变形文字】对话框，如图 4-20 所示。

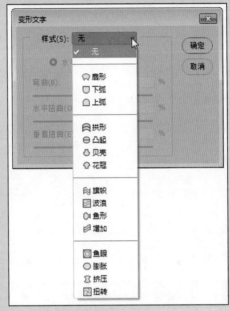

图 4-20　【变形文字】对话框

下面将介绍【变形文字】对话框中各选项的含义。

- 样式：决定文本最终的变形效果，该下拉列表中包括各种变形的样式，选择不同的选项，文字的变形效果也各不相同，如图 4-21 所示。

图 4-21　不同的文字变形效果

- 水平或垂直：决定文本是在水平方向还是在垂直方向上变形。
- 弯曲：设置文字的弯曲方向和弯曲程度。当参数为 0 时不做任何弯曲效果。

- 水平扭曲：决定文本在水平方向上的扭曲程度。
- 垂直扭曲：决定文本在垂直方向上的扭曲程度。

■ 4.3.2　点文本与段落文本之间的转换

创建的点文本和段落文本可以相互之间进行切换。选中点文本，执行【文字】|【转换为段落文本】命令，将点文本转换为段落文本；选中段落文本，执行【文字】|【转换为点文本】命令，可将段落文本转换为点文本。

■ 4.3.3　路径文字的输入与编辑

可利用路径来配合文本工具进行编辑，比如将文本的选区载入并转换为路径，以添加更多的其他编辑方法，或者在路径段上创建沿路径排列的文本等。

1. 文字转换为工具路径

选中文本，执行【类型】|【创建工作路径】命令，即可沿文本轮廓创建出文字路径，从而进行更多的编辑操作，如图 4-22 所示。

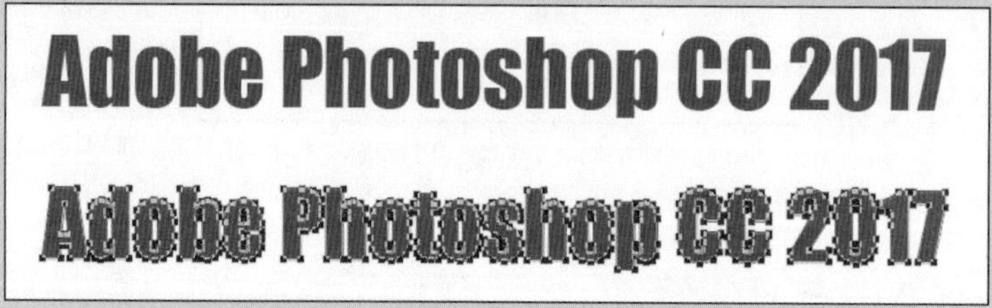

Adobe Photoshop CC 2017
Adobe Photoshop CC 2017

图 4-22　将文字轮廓转换为路径并继续编辑

2. 创建文本绕排路径

当创建文本绕排路径时，将文字工具放置在路径上，当光标下侧出现曲线时单击鼠标，此时输入文本，文本将沿着路径走向排列，如图 4-23 所示。

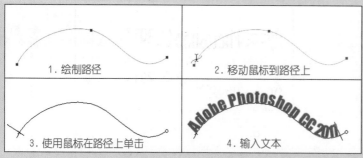

| 1. 绘制路径 | 2. 移动鼠标到路径上 |
| 3. 使用鼠标在路径上单击 | 4. 输入文本 |

图 4-23　创建文本绕排路径

3. 创建区域路径文本

使用文本工具在封闭的路径内单击，创建的文本将在封闭路径内部，即路径的轮廓变为段落文本的文本框，限制文本的走向，如图 4-24 所示。

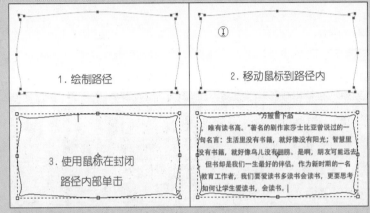

图 4-24　创建区域路径文本

■ 4.3.4　将文字转换为形状

通过将文字转换为形状，可以改变文字颜色，甚至对文字外观进行更改，如图 4-25 所示。选中文本，执行【文字】|【转换为形状】命令，或是在【图层】调板图层名称右侧的空白处右击，在弹出的菜单中选择【转换为形状】命令，将文本转换为形状，变为形状图层，不再有文本的相关属性，成为文字外观的形状图层。双击图层缩览图，在打开的【拾色器（纯色）】对话框中可以更改文字形状图层的颜色。

图 4-25　将文本转换为形状

■ 4.3.5　栅格化文字

选中文字图层，执行【类型】|【栅格化文字图层】命令，可将文字图层转换为普通图层。转换为普通图层的文字将作为一个图像来编辑，不再拥有文字所具有的相关属性。

4.4　课堂练习——特效文字的制作

　　字体特效是千变万化的，在该练习中，主要利用文字转换为形状
的特点，对文字外观进行变形。

操作步骤：

01 启动 Photoshop CC 2017，打开附带光盘 \Chapter-04\ "背景 .jpg"
文件，如图 4-26 所示。

图 4-26　打开素材文件

02 在工具箱中选择【横排文字工具】，在视图中输入英文字
母 "AD"，并参照图 4-27 所示设置文本。

图 4-27　设置文本属性

03 在【图层】调板 AD 图层名称右侧的空白处右击鼠标，在
弹出的菜单中选择【转换为形状】命令，将文字图层转换为形
状图层，如图 4-28 所示。

04 选择工具箱中的【直接选择工具】，拖动光标选中字母

D 左上角的两个锚点，向左侧拖动，如图 4-29 所示。

图 4-28 转换为形状图层

图 4-29 编辑形状

05 在【图层】调板中，按 Ctrl 键的同时单击 AD 图层缩览图，将其载入选区，如图 4-30 所示。

06 在【图层】调板中，选中"背景"图层，如图 4-31 所示。执行【编辑】|【复制】命令，将选区内的图形拷贝。

图 4-30 载入选区   图 4-31 【图层】调板

07 执行【文件】|【新建】命令，打开【新建文档】对话框，如图 4-32 所示。

08 执行【编辑】|【粘贴】命令，将复制的图像粘贴到新建的文档中，如图 4-33 所示。

图 4-32 【新建文档】对话框

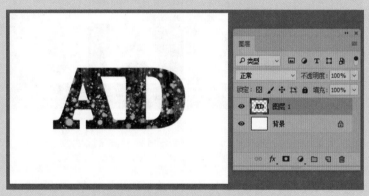

图 4-33 粘贴图像

09 执行【图像】|【调整】|【曲线】命令，打开【曲线】对话框，参照图 4-34 所示。调整图像色调。

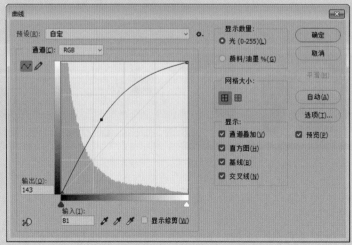

图 4-34 调整图像色调

10 选择工具箱中的【钢笔工具】 ![钢笔], 在视图中绘制路径, 效果如图 4-35 所示。

图 4-35　绘制路径

11 在工具箱中选择【横排文字工具】 T., 移动光标到路径上并单击鼠标, 在路径上输入文本, 如图 4-36 所示。

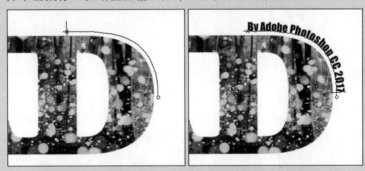

图 4-36　在路径上输入文本

12 在【字符】调板中设置文本颜色, 如图 4-37 所示。至此完成该实例的制作。

图 4-37　改变字体颜色

4.5　强化训练

项目名称　绘制文字贴纸效果

项目需求

受某厂商委托为其制作一个包装盒，其中涉及到一个文字贴纸效果，特此作为本章练习案例，供读者练手。要求制作美观，符合包装整体风格。

项目分析

文字颜色设置要靓丽，字母可考虑栅格化，然后控制外观，折起来的部分考虑配合选区缩减来，制作外观并填色。

项目效果

项目效果如图 4-38 所示。

图 4-38　文字贴纸效果

操作提示

01 使用文字工具输入文字并设置填充色。

02 使用蒙版隐藏需要折起的部分，使用【扩展】命令，扩展文字外观。

03 绘制折起效果，为文字与折起部分添加投影。

CHAPTER 05

图像的
绘制与编辑

内容导读 READING

Photoshop工具箱中包含了绘制、修饰图像类的工具，如画笔组合、图章工具组等，可以实现绘制图像、对图像细节进行修复的操作。不管是针对图像明暗色调的调整，还是去除图像中的杂点，以及复制局部图像等操作，都可以通过工具箱中的不同工具来实现。

■ 学习目标
∨ 熟悉画笔工具组的使用
∨ 掌握图像擦除工具的使用
∨ 掌握图像修复工具的使用
∨ 掌握历史记录工具的使用

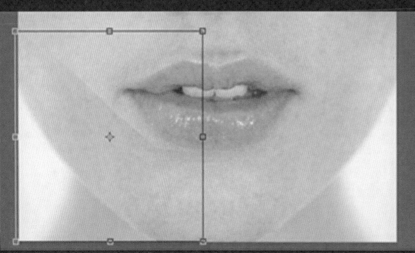

变换图像

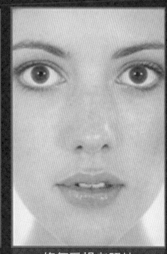

修复受损老照片

5.1 图像的绘制

在 Photoshop 中，可以使用画笔工具组和填色工具组相互配合绘制图像。其中画笔工具组可用于绘制图形，而填色工具组可以为已绘制完成的图形进行填充。

■ 5.1.1 画笔工具组的使用

Photoshop CC 2017 的画笔工具组包括画笔工具 、铅笔工具 、颜色替换工具 和混合器画笔工具 ，主要用来绘制图形及填充颜色，下面分别介绍。

1. 画笔工具

画笔工具 默认使用前景色进行绘制，选择【画笔工具】 ，此时工具选项栏显示如图 5-1 所示。在开始绘图之前，应选择所需的画笔笔尖形状和大小，并设置不透明度、流量等画笔属性。

图 5-1　画笔工具选项栏

（1）画笔预设

Photoshop 提供了许多常用的预设画笔，在工具选项栏中单击画笔预设右侧的三角按钮，打开画笔预设下拉列表框，拖动滚动条即可浏览、选择预设画笔，如图 5-2 所示。单击右上角的按钮图标弹出下拉菜单，从中选择【小缩览图】或【大缩览图】等命令，改变画笔预设的视图，可比较直观地看到画笔形状的预览效果。

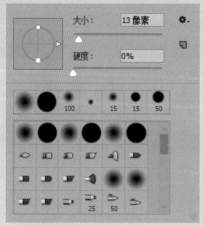

图 5-2　画笔预设

在预设下拉列表框中还可以设置画笔的大小和硬度，【大小】参数是设置画笔的粗细，【硬度】参数是控制画笔边缘的柔和程度。

（2）模式

工具选项栏内【模式】下拉列表中包含正常、溶解、正片叠底等选项，用于设置画笔绘画颜色与底图的混合效果。

（3）不透明度

【不透明度】选项用于设置绘画图像的不透明度，该数值设置越小，透明度越高。

（4）流量

【流量】选项用于设置画笔墨水的流量大小，该数值越大，墨水的流量越大，配合【不透明度】设置可以创建更加丰富的笔调效果。

（5）启用喷枪样式的建立效果

单击工具选项栏中的【启用喷枪样式的建立效果】按钮，可转换画笔为喷枪工作状态。喷枪可以使用极少量的颜色使图像显得柔和，是增加亮度和阴影的最佳工具，而且喷枪描绘的颜色具有柔和的边缘。如果使用喷枪工具时按住鼠标左键不放，单击或拖动鼠标即可绘制颜色。

设置好画笔后就可以在图像中绘制。这里先打开一幅图像，选择【画笔工具】，单击工具箱中的前景色按钮，打开【拾色器】对话框，设置颜色为红色。在选项栏中设置合适的画笔大小，设置【不透明度】参数为15%，使用【画笔工具】在脸颊图像中绘制，如图5-3所示。

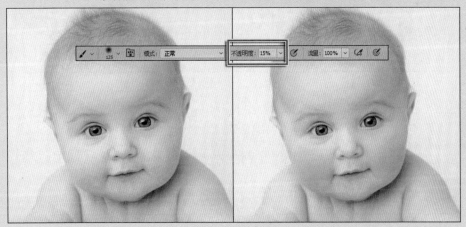

图 5-3　绘制图像

提示一下

在实际工作中，经常使用快捷键调整画笔的粗细，按"["键细化画笔，按"]"键加粗画笔。对于实边圆、柔边圆和书法画笔，按"Shift+["快捷键可以减小画笔硬度，按"Shift+]"快捷键可以增加画笔硬度。

2. 铅笔工具

铅笔工具可以绘制出硬边缘的图像，具体操作时设置好颜色，在图像中单击并拖动鼠标即可绘制图像。该工具的相关设置与画笔工具相同，在此不再赘述。使用【铅笔工具】绘制时，在图像上单击，移动一定距离后按住 Shift 键再次单击，则在两个单击位置间自动绘制直线。在操作时，按住 Shift 键的同时单击并拖动鼠标，可以控制画笔在水平方向或垂直方向上绘制图像。

3.颜色替换工具

使用颜色替换工具  可以在保留图像原有材质与明暗的基础上，用前景色替换图像中的色彩。打开一幅图像后，在工具箱中选择【颜色替换工具】，选项栏如图 5-4 所示。

图 5-4 【颜色替换工具】选项栏

随后单击工具箱前景色按钮设置前景色，移动光标至目标位置，调整到合适的画笔大小，在需要替换颜色的区域拖动，以替换颜色，如图 5-5 所示。

图 5-5 改变图像颜色

4.混合器画笔工具

混合器画笔工具  可以模拟真实的绘画技术，如混合画布上的颜色、组合画笔上的颜色以及在描边过程中使用不同的绘画湿度，如图 5-6 所示。

图 5-6 编辑图像

下面将简单介绍混合画笔选项栏的几个选项。

- 潮湿：控制画笔从画布拾取的油彩量，较高的设置会产生较长的绘画条痕。
- 载入：指定储槽中载入的油彩量，载入速率较低时，绘画描边干燥的速度会更快。
- 混合：控制画布油彩量同储槽油彩量的比例。比例为 100% 时，所有油彩将从画布中拾取；比例为 0% 时，所有油彩都来自储槽。
- 对所有图层取样：拾取所有可见图层中的画布颜色。

■ 5.1.2 填色工具组

在 Photoshop 中，不仅可以对图像进行描绘操作，还可以使用填色工具组对图像的画面或选区进行填充，如纯色填充、渐变填充、图案填充等，填色工具组主要包括油漆桶工具 ⬛ 和渐变工具 ⬛ ，接下来将对其做具体介绍。

1. 油漆桶工具

使用油漆桶工具可以在图像中填充颜色或图案，在填充前该工具会对鼠标单击位置的颜色进行取样，从而只填充颜色相同或相似的图像区域。

选择工具箱中的【油漆桶工具】，其工具选项栏如图 5-7 所示。在其中可设置填充物的混合模式、透明度，以及填充物的容差范围等选项。

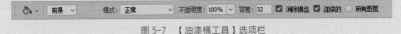

图 5-7 【油漆桶工具】选项栏

在选项栏中【设置填充区域的源】下拉列表中，可选择使用颜色填充或是图案填充，设置完毕后，即可使用油漆桶工具 ⬛ 在图像或选区中填充颜色或图案。

2. 渐变工具

选择工具箱中的【渐变工具】⬛ ，其参数设置都集中在选项栏中，如图 5-8 所示。选择合适的渐变类型后，在图像或选区中拖动，即可创建对应的渐变效果。

图 5-8 【渐变工具】选项栏

（1）渐变类型

在工具选项栏内包括五种渐变类型：线性渐变 ⬛ 、径向渐变 ⬛ 、角度渐变 ⬛ 、对称渐变 ⬛ 和菱形渐变 ⬛ 。下面将简单讲解五种渐变类型及展示相对应的渐变的效果，如图 5-9 所示。

- 线性渐变：从起点到终点线性渐变。

- 径向渐变：从起点到终点以圆形图案逐渐改变。
- 角度渐变：围绕起点以逆时针环绕逐渐改变。
- 对称渐变：在起点两侧对称线性渐变。
- 菱形渐变：从起点向外以菱形图案逐渐改变，终点定义菱形的一角。

图 5-9　五种渐变类型

（2）设置相关属性

在【模式】下拉列表中，可选择渐变填充的色彩与底图的混合模式。【不透明度】选项用来控制渐变填充的不透明度。选中【反向】复选框，所得到的渐变效果与所设置的渐变颜色相反。选中【仿色】复选框，可使渐变效果过渡更为平滑。

（3）选择渐变颜色

单击选项栏中渐变列表右侧的按钮，弹出渐变列表框，其中显示有系统默认的和自定义的所有渐变样式。在任一渐变样式上单击即可将其设置为当前使用的渐变；而在任一渐变样式上单击右键，选择菜单中的新建渐变、重命名渐变、删除渐变命令即可实现渐变样式的管理，如图 5-10 所示。选择【新建渐变】命令将会弹出【渐变名称】对话框，如图 5-11 所示。确认后即可复制当前渐变样式并重新命名，便于在该渐变样式的基础上进行修改。

图 5-10　渐变列表框

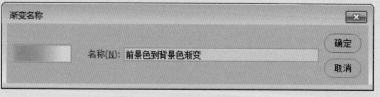

图 5-11　【渐变名称】对话框

（4）设置【渐变编辑器】对话框

若要创建自定义的渐变样式，单击选项栏中的渐变条，打开【渐变编辑器】对话框，如图 5-12 所示。

具体操作时，单击编辑渐变条中的色标，色标上方的三角形变为实色时，表示该色标当前为选择状态，如图 5-13 所示。此时双击该颜色图标，将弹出【拾色器（色标颜色）】对话框，设置色标的颜色。选中需要设置颜色的色标，移动光标至图像窗口中，光标将显示为吸管形状，此时单击鼠标即可将光标位置的颜色设置为色标颜色。

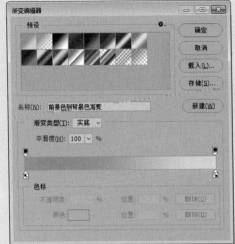
图 5-12 【渐变编辑器】对话框

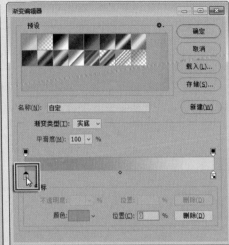
图 5-13 选择色标

选中渐变色标，单击鼠标并左右拖动，或者在【位置】参数栏中输入数值，可确定色标的位置。

单击编辑渐变条的下方即可在渐变条中添加色标，设置每个色标的不同颜色，可丰富渐变效果。若需要删除某个色标，可在选中该色标后，单击对话框右下角的【删除】按钮，或直接将色标拖出渐变条。如果需要给渐变添加透明效果，可通过渐变条上端的不透明度色标进行控制。

完成渐变颜色的设置后，在【名称】文本框中可输入渐变名称，单击【新建】按钮可将设置的渐变样式添加到渐变列表框中。单击【确定】按钮退出渐变编辑器，完成自定义渐变的操作。

5.2 图像擦除工具

使用橡皮擦工具组可以擦除背景或图像中不需要的区域，包括橡皮擦工具 、背景橡皮擦工具 和魔术橡皮擦工具 三种。

5.2.1 橡皮擦工具

选择工具箱中的【橡皮擦工具】 ，其工具选项栏可设置模式、不透明度、流量和喷枪等选项，如图 5-14 所示。在【模式】下拉列表框内可设定橡皮擦的笔触特性，如画笔、铅笔和块。所得到的效果与使用这些方式绘图的效果相同。

图 5-14 【橡皮擦工具】选项栏

选中【抹到历史记录】复选框，能够有选择性地恢复图像至某一历史记录状态。只需在【历史记录】调板某一个状态前单击，将【设置历史记录画笔的源】![icon]设置在该状态上，选择【橡皮擦工具】在视图中单击即可。

如果在背景图层中使用【橡皮擦工具】，则擦除部分将由背景色进行填充。当在非背景图层中进行擦除时，图像将被直接擦除掉。

■ 5.2.2 背景橡皮擦工具

背景橡皮擦工具![icon]可以有选择地擦除图像颜色，在实际操作中，选择工具箱中的【背景橡皮擦工具】，在工具选项栏中，选中画笔大小选项可以设置画笔大小、硬度、角度、圆度和间距等参数。如图 5-15所示。

![icon] ∨ ![icon] 13 ∨ ![icon] ![icon] ![icon] 限制： 连续 ∨ 容差： 20% ∨ □ 保护前景色 ![icon]

图 5-15　设置【容差】参数栏

- 【取样：连续】![icon]按钮：画笔即随着取样点的移动而不断地取样。
- 【取样：一次】![icon]按钮：画笔即以第一次的取样作为取样颜色，取样颜色不随鼠标的移动而改变。
- 【取样：背景色板】![icon]按钮：是以工具箱背景色为取样颜色，只擦除图像中有背景色的区域。
- 【限制】选项：用来选择擦除背景的限制类型，分为连续、不连续、查找边缘三种。
- 【连续】选项：擦除与取样颜色连续的区域。
- 【不连续】选项：擦除容差范围内所有与取样颜色相同或相似的区域。
- 【查找边缘】选项：擦除与取样颜色连续的区域，同时能够较好地保留颜色反差较大的边缘。
- 【容差】选项：用于控制擦除颜色区域的大小，数值越大，擦除的范围就越大。
- 【保护前景色】复选框：可防止擦除与前景色颜色相同的区域。

设置参数后，使用【背景橡皮擦工具】![icon]沿着对象的周围拖动鼠标，画笔大小范围内与画笔中心取样点颜色相同或相似的区域即被清除，容差大小确定区域的大小，使用【背景橡皮擦工具】的前后对比效果如图 5-16 所示。

图 5-16　擦除背景图像

■ 5.2.3　魔术橡皮擦工具

魔术橡皮擦工具 可认为是魔棒工具与背景橡皮擦工具功能的结合，使用其可将一定容差范围内的背景颜色全部清除而得到透明区域。

选择工具箱中的【魔术橡皮擦工具】，在工具选项栏中可设置容差、消除锯齿等参数，如图 5-17 所示。

图 5-17　【魔术橡皮擦工具】选项栏

当背景与图像边缘交界处清晰时，可使用【魔术橡皮擦工具】 在图像中的背景上单击，直接去除图像的背景，使用前与使用后的对比效果如图 5-18 所示。

图 5-18　擦除背景图像

5.3 图像修复工具

修复工具组可以修复图像中的缺陷，使修复的结果自然融入到周围的图像中，并保持其纹理、亮度和层次与所修复的像素相匹配。比如人物的雀斑、照片水印等，都可以使用该工具组中的工具来去除和修饰。

5.3.1 污点修复画笔工具与修复画笔工具

污点修复画笔工具 ◢ 与修复画笔工具 ◢ 的作用非常相似，可用于校正瑕疵。在修复时，可以将取样像素的纹理、光照和阴影与源像素进行匹配，从而使修复后的像素不留痕迹地融入图像的其余部分。

打开需要修复的图像，选择【污点修复画笔工具】，设置好笔刷大小，直接在需要修复的瑕疵处单击，可去除瑕疵，如图 5-19 所示。

图 5-19　去除雀斑

若使用【修复画笔工具】 ◢ ，则需要按住键盘上的 Alt 键，在瑕疵附近单击取样后，在瑕疵上单击，可去除人物皮肤上的雀斑。

5.3.2 修补工具

修补工具 ◑ 与修复画笔工具类似，适用于对图像的某一块区域进行修补操作。修补工具会将样本像素的纹理、光照和阴影与源像素进行匹配。其工具选项栏如图 5-20 所示。

图 5-20　【修补工具】选项栏

打开需要修补的图像，在工具箱中选择【修补工具】 ◑ ，在工具选项栏中选中【源】单选按钮，表示当前选中的区域是需要修补的区域。然后使用【修补工具】 ◑ 单击拖动鼠标选择需要修补的区域，释放鼠标左键，在修补区域的周围创建选区。最后拖动选择到颜色、图案、纹理等相似的采样区域，释放鼠标左键，选中区域修补完成，使用修补工具修复图像对比效果如图 5-21 所示。

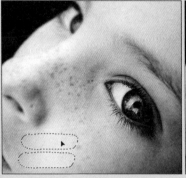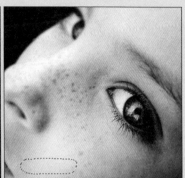

图 5-21　使用修补工具去除水印

■ 5.3.3　红眼工具

红眼工具 可以去除照片中人物的红眼，该工具选项栏如图 5-22 所示。使用红眼工具，只需在设置参数后，在图像中红眼位置单击一下即可，使用前与使用后的对比效果如图 5-23 所示。

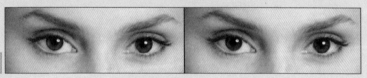

图 5-22　【红眼工具】选项栏　　　　　　　　图 5-23　修复红眼

5.4　历史记录工具

历史记录工具组包括两个工具：历史记录画笔工具 和历史记录艺术画笔工具 。

利用【历史记录画笔工具】配合【历史记录】调板，可以使当前的图像效果返回到编辑之前的某个效果画面中。【历史记录】调板记录了之前的操作步骤，如对图像局部进行绘画和旋转操作，这些状态的每一种都会单独排列显示在该调板中，如图 5-24 左图所示。

与历史记录画笔工具 相类似的还有历史记录艺术画笔工具 ，使用该工具指定历史记录状态或快照中的源数据，以风格化描边进行绘画。可以通过尝试使用不同的绘画样式、大小和容差选项，用不同的色彩和艺术风格模拟绘画的纹理。

> **提示一下**
>
> 在【历史记录】调板中选择某个状态时，图像将恢复为该状态更改时的外观，此时进行其他操作后，可从选择的状态开始重新记录。

| 打开调板 | 设置历史记录画笔的源 | 使用历史记录画笔工具绘制 |

图 5-24 配合【历史记录】调板工作

5.5 图章工具

图章工具组是常用的修饰工具组，可选择图像的不同部分，并将它们复制到同一个文件或另一个文件中，主要用于对图像的内容进行复制，或修补局部的图像。

■ 5.5.1 仿制图章工具

使用【仿制图章工具】可分为两步，即取样和复制。按住 Alt 键先对源区域进行取样，然后在文件的目标区域里单击并拖动鼠标，取样区域的内容会被复制到目标区域中并显示出来。其工具选项栏如图 5-25 所示。

图 5-25 【仿制图章工具】选项栏

选中工具选项栏中的【对齐】复选框进行复制时，无论执行多少次操作，每次复制时都会以上次取样点的最终移动位置为起点开始复制，以保持图像的连续性，否则在每次复制图像时，都会以第一次按Alt 键取样时的位置为起点进行复制。

打开需要处理的图像，按下 Alt 键在图像中取样，如图 5-26 所示。使用【仿制图章工具】在文字上单击并拖动鼠标，将文字去除，如图 5-27 所示。

图 5-26　取样

图 5-27　修饰后的图像

5.5.2　图案图章工具

图案图章工具 ✕ 用于复制图案，使用该工具前需要选择一种图案，可以是预设图案，也可以是自定义图案。图案可以用来创建特殊效果、背景网纹以及织物或壁纸设计等。其工具选项栏如图 5-28 所示。

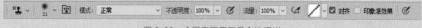

图 5-28　【图案图章工具】选项栏

选中【对齐】复选框进行复制时，每次按住鼠标左键拖动得到的图像效果是图案重复衔接拼贴；未选中此复选框时，多次复制会得到图像的重叠效果。

5.6　修饰工具

使用修饰工具可以对图像的颜色进行一些细致的调整，如模糊图像、锐化图像、加深或减淡图像颜色等。

5.6.1　模糊、锐化和涂抹工具

模糊工具组包括模糊工具 ◖ 、锐化工具 △ 和涂抹工具 ◖ ，常用于控制图像的对比度和清晰度等。模糊工具和锐化工具主要通过调整相邻像素之间的对比度实现图像的模糊和锐化，前者会降低相邻像素间的对比度，后者则是增加相邻像素间的对比度。

1. 模糊工具

模糊工具可以柔化图像，使其变得模糊。打开需要处理的图像，选择【模糊工具】，图 5-29 是该工具的选项栏，【强度】控制着模糊工具和锐化工具产生的模糊量和锐化量。【强度】百分比值越大，模糊和锐化的效果就越明显。

图 5-29　【模糊工具】选项栏

使用该工具在需要模糊的图像区域来回拖动即可，使用前与使用后对比效果如图 5-30 所示。

图 5-30　模糊图像

2. 锐化工具

锐化工具与模糊工具相反，是将画面中模糊的部分变得清晰。锐化的原理是提高像素的对比度使其看上去清晰，使用时一般在事物的边缘，锐化程度不能太大，如果过分锐化图像，则整个图像将变得失真。

3. 涂抹工具

涂抹工具就像使用手指搅拌颜料桶一样混合颜色，图 5-31 所示就是涂抹工具选项栏。选择涂抹工具后，调整一个合适大小的画笔，在图像中单击并拖动鼠标即可。选中【手指绘画】复选框，鼠标拖动时，涂抹工具使用前景色与图像中的颜色相融合。

图 5-31　【涂抹工具】选项栏

■ 5.6.2　减淡、加深和海绵工具

图像颜色调整工具组包括减淡工具 🔍、加深工具 🖐 和海绵工具 🖐，使用其可对图像的局部进行色调和颜色上的调整。

1. 减淡和加深工具

减淡工具 🔍 和加深工具 🖐 通过增加和减少图像区域的曝光度来变亮或变暗图像。当选择【减淡工具】时，其工具选项栏如图 5-32 所示。在【范围】下拉列表中列出了阴影、中间调和高光 3 个选项。阴影选项调整图像中最暗的区域。中间调选项调整图像中色调处于高亮和阴暗间的区域。高光选项调整图像中高亮区域。选择以上任一选项，就可以使用减淡工具或加深工具更改阴影区、中间色调区或高亮区，如果选择【高光】选项则只有高亮区域会受到影响。加深工具选项栏与减淡工具选项栏类似。

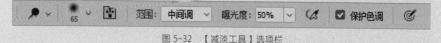

图 5-32　【减淡工具】选项栏

2. 海绵工具

海绵工具可用来改变局部的色彩饱和度。选择该工具后，可以从工具选项栏中【模式】列表框中选择【去色】或【加色】选项，以指定增加或是减少图像色彩饱和度，如图 5-33 所示该工具的选项栏。

图 5-33　【海绵工具】选项栏

当选择【去色】工作模式时，使用【海绵工具】可降低图像的饱和度，从而使图像中的灰度色调增加。选择【加色】工作模式时，使用该工具可增加图像的饱和度，从而使图像中的灰度色调减淡，当已是灰度图像时，则会减少中间灰度色调。

5.7　课堂练习——修复受损老照片

照片的修复是个相对简单的修饰过程，但要想得到精美的后期效果，还需耐心地分析照片问题，使用不同的工具配合操作才能完成。

操作步骤：

01 启动软件，打开附带光盘 \Chapter-05\"女模特 .jpg"文件，如图 5-34 所示。

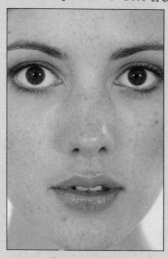

图 5-34　原始文件

02 选择工具箱中的【红眼工具】 👁 ，设置该工具的选项栏，如图 5-35 所示。

图 5-35　设置选项栏

03 使用【红眼工具】 👁 依次在眼睛图像上单击，去除红眼，如图 5-36 所示。

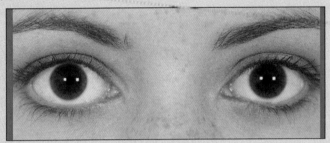

图 5-36　去除红眼

04 在【图层】调板中，单击【创建新图层】 🗒 按钮，新建"图层 1"，如图 5-37 所示。

图 5-37　新建图层

05 设置前景色为蓝色（C71；M13；Y21；K0），选择工具箱中的【画笔工具】 ✎ ，设置画笔大小和人物眼睛图像大小相当，将画笔硬度设置为最大后，在人物眼睛图像正上方绘制，如图 5-38 所示。

06 在【图层】调板中，设置"图层 1"的混合模式为【柔光】，效果如图 5-39 所示。

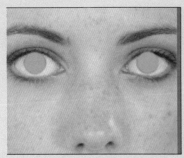

图 5-38 绘制蓝色图像

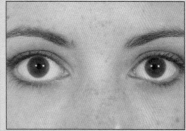

图 5-39 设置图层混合模式

07 在【图层】调板中选择"背景"图层，选择工具箱中的【污点修复画笔工具】，将人物面部的雀斑一一去除，效果如图 5-40 所示。

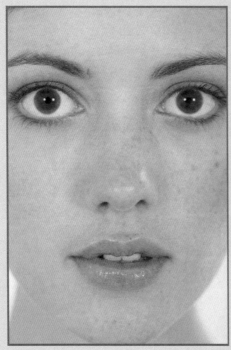
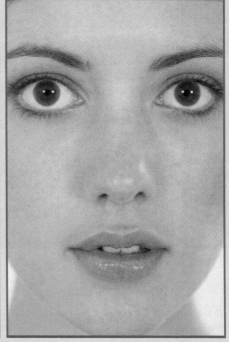

图 5-40 去除雀斑

08 执行【图像】|【调整】|【曲线】命令，打开【曲线】对话框，调整图像色调，如图 5-41 所示。

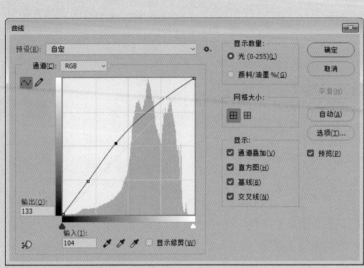

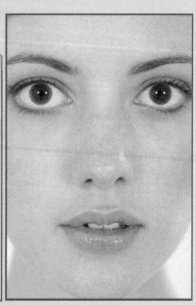

图 5-41　提亮图像颜色

09 使用【多边形套索工具】，参照图 5-42 所示绘制选区。在视图中右击鼠标，在弹出的菜单中选择【变换选区】命令，将选区水平翻转并移动至右下角位置，如图 5-43 所示。

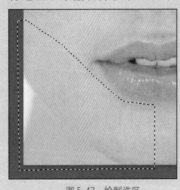

图 5-42　绘制选区

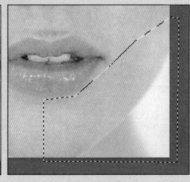

图 5-43　变换选区

10 执行【复制】和【粘贴】命令，将图像复制至图像中，使用【自由变换】命令变换图像，效果如图 5-44 所示。

11 选择【橡皮擦工具】，设置选项。使用【橡皮擦工具】将复制图像的生硬边缘擦去，完成该实例的制作，最终效果如图 5-45 所示。

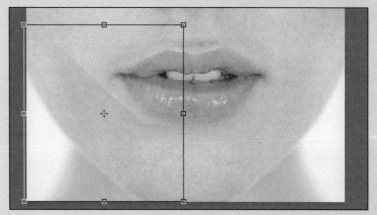

图 5-44 变换图像

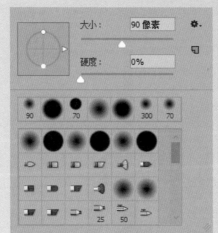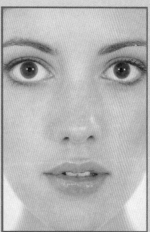

图 5-45 擦除图像边缘

5.8 强化训练

项目名称　修复旅行图像

项目需求

受某女士委托为其处理旅行照片，想要在不毁坏图片品质的前提下处理图片。要求对其去除后面杂乱无章的荷花与右侧阴影。

项目分析

首先需要调整图片的旋转角度，并进行裁剪尺寸，使用仿制图章工具去除背后湖面的荷花与阴影。

项目效果

项目效果如图 5-46 所示。

原图　　　　　　　　　　　　修复后

图 5-46　修复图像

操作提示

01　置入图片，旋转图像角度并调整图像尺寸。

02　选择仿制图章工具去除湖面荷花与地面阴影，去除时注意细节。

CHAPTER 06
色彩和色调的
调整

内容导读 READING

在Photoshop软件中，色彩调整技巧是Photoshop雄踞其他图形处理软件之上的一项看家本领，要想做出精美的图像，色彩模式的应用和色彩的调整是必不可少的。

■ 学习目标

\ 了解图像色彩分布
\ 掌握图像色彩的调整
\ 掌握图像色调的调整
\ 掌握特殊颜色效果的调整

选取范围

秋景秒变春景

6.1　图像色彩分布的查看

　　Photoshop 提供了【直方图】调板用于了解图像色调的分布情况，其中以图形形式展示了图像每个亮度级别处的像素数量，为色调调整和颜色校正提供依据，如图 6-1 所示。

图 6-1　【直方图】调板

　　通过【直方图】调板可以快速浏览图像色调或图像基本色调类型，低色调图像的细节集中在暗调处，高色调图像的细节集中在高光处，而平均色调图像的细节集中在中间调处，识别色调范围有助于确定相应的色调校正。在默认情况下，直方图显示整幅图像的色调范围。

6.2　调整图像的色彩

　　Photoshop 软件，拥有众多调整图像色彩的颜色命令，如色彩平衡、色相 / 饱和度、变化等，都可以针对图像的某一种颜色或整体色彩进行改变和修饰。这些命令都集中在【图像】|【调整】子菜单中。

■ 6.2.1　色彩平衡

　　该命令可以增加或减少图像的颜色，使图层的整体色调更加平衡，执行【图像】|【调整】|【色彩平衡】命令，打开【色彩平衡】对话框，如图 6-2 所示。

　　在【色彩平衡】对话框中，如将滑块向右移动，可为图像添加该滑杆对应的颜色。如将滑块向左移动，可为图像添加该滑杆对应的补色。在调整颜色均衡时，可使【保持明度】复选框保持为选中状态，以确保亮度值不变。

图 6-2　使用【色彩平衡】命令调整图像颜色

■ 6.2.2　色相／饱和度

色相／饱和度命令可以调整整个图像或是局部的色相、饱和度和亮度，实现图像色彩的改变。执行【图像】|【调整】|【色相／饱和度】命令，打开【色相／饱和度】对话框，如图 6-3 所示。

图 6-3　使用【色相／饱和度】命令调整图像色调

在【色相／饱和度】对话框中，可使用颜色滑块手动调整颜色变化。【色相】参数可更改色调颜色，而【饱和度】参数可提高或降低颜色的纯度。【明度】参数可调整色彩的明暗度。

在【色相／饱和度】对话框中单击选中【着色】复选框，可将图像设置为单色效果，如图 6-4 所示。

提示一下

使用 Ctrl+U 快捷键，可快速打开【色相／饱和度】对话框。

图 6-4　为图像着色

6.2.3　替换颜色

该命令可以替换图像中指定的颜色，并设置替换颜色的色相、饱和度和亮度属性。执行【图像】|【调整】|【替换颜色】命令，弹出【替换颜色】对话框，如图 6-5 所示。

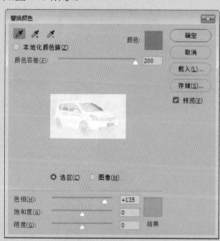

图 6-5　替换图像颜色

打开对话框后，在图像中单击要改变的颜色区域，预览框中便会出现灰度图像，颜色呈白色表示要更改的颜色范围，黑色表示不会改变颜色的范围。设置【颜色容差】参数可扩大或缩小有效区域的范围，也可使用添加到取样 ✐ 工具和从取样中减去 ✐ 工具来扩大和缩小有限范围。

设置完毕后拖移色相、饱和度或明度滑块，就可以更改选定区域的颜色。

使用吸管工具时,按住 Shift 键在图像中单击将添加区域;按住 Alt 键单击将移去区域。如按下 Ctrl 键,可将该预览框在选区和图像显示之间切换。

6.2.4　可选颜色

选择【图像】|【调整】|【可选颜色】命令,弹出【可选颜色】对话框,如图 6-6 所示。可选颜色命令可以校正颜色的平衡。主要针对 RGB、CMYK 和黑、白、灰等主要颜色的组成进行调节。可选择性地在图像某一主色调成分中增加或减少印刷颜色含量,而不影响该印刷色在其他主色调中的表现,从而对图像的颜色进行校正。

图 6-6　使用【可选颜色】命令调整图像色调

6.2.5　匹配颜色

匹配颜色命令可匹配多个图像、多个图层或者多个选区之间的颜色。执行【图像】|【调整】|【匹配颜色】命令,弹出【匹配颜色】对话框,如图 6-7 所示。其中目标图像为当前打开的图像文件,用户可在【图像统计】选项组内,【源】或【图层】下拉列表中,选择要匹配的文档或图层。

图 6-7　【匹配颜色】对话框

■ 6.2.6 通道混合器

通道混合器命令可创建高品质的灰度图像或其他色调图像，以及创建创造性的颜色调整。执行【图像】|【调整】|【通道混合器】命令，弹出【通道混合器】对话框，如图 6-8 所示。该对话框的选项使用图像中现有（源）颜色通道的混合来修改目标颜色通道。颜色通道是代表图像（RGB 或 CMYK）中色调值的灰度图像。

图 6-8 【通道混合器】对话框

在该对话框中可从【预设】下拉列表中选择通道混合器预设，实现快速的颜色调整。在【输出通道】下拉列表中可选择一个通道，实现混合一个或多个现有通道。当选取了某个输出通道后，会将该通道对应的滑块设置为 100%，并将所有其他通道设置为 0%。此时将相应的源通道滑块向左拖动，可减少该通道在输出通道中所占的比重；将通道滑块向右拖动，则增加该通道在输出通道中所占的比重。

【常数】选项用于调整输出通道的灰度值，负值增加更多的黑色，正值增加更多的白色。当该值为 –200% 时将使输出通道成为全黑（降低图像的亮度），而当该值为 +200% 时将成为全白（提升图像的亮度）。

> **提示一下**
>
> 【匹配颜色】命令仅适用于 RGB 模式。

■ 6.2.7 照片滤镜

照片滤镜命令是通过模拟相机镜头前滤镜的效果进行色彩调整，该命令允许选择预设的颜色，以便向图像应用色相调整。执行【图像】|【调整】|【照片滤镜】命令，弹出【照片滤镜】对话框，如图 6-9 所示。

图 6-9 【照片滤镜】命令为图像添加颜色

在【照片滤镜】对话框中，有预设的滤镜颜色，其中包括加温滤镜、冷却滤镜以及个别颜色等选项。【浓度】选项是调整应用于图像的颜色数量。方法是拖动滑块或者在文本框中输入一个百分比。浓度越高，颜色调整幅度就越大。

■ 6.2.8　阴影 / 高光

该命令可调整图像中阴影和高光的分布，可矫正曝光过度或是曝光不足的图像，如图 6-10 所示。该命令不是单纯地使图像变亮或变暗，而是通过计算，对图像局部的亮部与暗部进行处理，可单独将图像的暗部提亮，或将过于明亮的图像调整成正常效果。

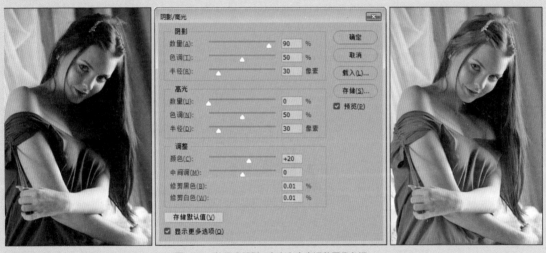

图 6-10　使用【阴影 / 高光】命令调整图像色调

6.3　调整图像的色调

在 Photoshop 软件中，还有一些颜色命令是针对图像亮度进行的调整，可以提亮或是调暗图像颜色。

■ 6.3.1　亮度 / 对比度

亮度 / 对比度命令可以调节图像的亮度和颜色对比度。执行【图像】|【调整】|【亮度 / 对比度】命令，弹出【亮度 / 对比度】对话框，如图 6-11 所示。其中，【亮度】参数用来调整图像的明暗程度，值越大亮度越高。【对比度】参数用来调整图像的对比度，值越大对比度越大。

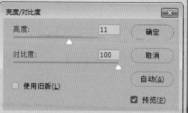

图 6-11　调整图像亮度和对比度

■ 6.3.2　色阶

该命令可调整图像的暗调、中间调和高光等颜色范围。执行【图像】|【调整】|【色阶】命令，打开【色阶】对话框，如图 6-12 所示。【色阶】命令将每个颜色通道中的最亮和最暗像素定义为白色和黑色，按比例重新分布中间像素值。使用 Ctrl+L 快捷键可快速打开【色阶】对话框。

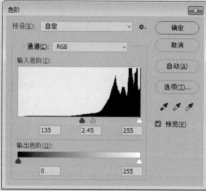

图 6-12　【色阶】对话框

■ 6.3.3　曲线

该命令可以调整图像的明暗度颜色，执行【图像】|【调整】|【曲线】命令，打开【曲线】对话框，如图 6-13 所示。在对话框中的色调曲线上单击并拖动鼠标，即可调整图像的色调。使用 Ctrl+M 快捷键可快速打开【曲线】对话框。

曲线命令在调整色调时不是只使用 3 个变量（高光、暗调、中间调），而是调整 0~255 范围内任意点对应的色调。也可使用曲线命令对图像中指定颜色通道进行精确调整，如在对话框的【通道】下拉列表中选择【红】选项后，可单独调整该通道下的色调变化。

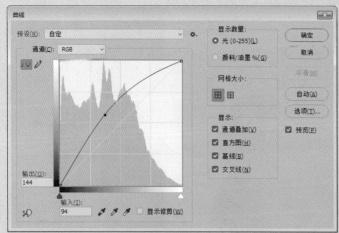

图 6-13 【曲线】对话框

6.3.4 色调均化

　　色调均化命令会重新分配图像像素亮度值，以便于更平均地分布整个图像的亮度色调。在使用此命令时，系统会先查找图像中最亮值和最暗值，将最亮的像素变成白色，最暗的像素变为黑色。其余的像素映射到相应的灰度值上，然后合成图像。其目的是让色彩分布更为均匀，从而提高图像的对比度和亮度，效果如图 6-14 所示。

图 6-14 使用【色调均化】命令调整图像色调

6.4 特殊颜色效果的调整

　　在 Photoshop 软件中，一些颜色调整命令可以实现特殊的颜色效果，比如翻转颜色、去除色彩，或是将图像色彩简化等。

■ 6.4.1 反相

反相命令可以将图像颜色翻转，产生照片胶片的图像效果，如图 6-15 所示。

图 6-15　翻转图像颜色

■ 6.4.2 去色

去色命令可去除图像的色彩，使图像转变为灰色图像。它与直接执行【图像】|【模式】|【灰度】命令转换成的灰度图像不同，去色命令不改变图像的颜色模式，只是丢掉了图像颜色。

■ 6.4.3 阈值

阈值命令可将图像转换成只有黑白两种色调的高对比度黑白图像。该命令会根据图像像素的亮度值将其一分为二：一部分用黑色表示；另一部分用白色表示。其黑白像素的分配由【阈值】的对话框中的【阈值色阶】参数栏决定，如图 6-16 所示。

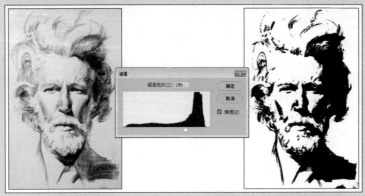

图 6-16　使用【阈值】命令调整图像色调

■ 6.4.4　色调分离

色调分离命令可指定图像中每个通道色调级（或亮度值）的数目，然后将这些像素映射为最接近的匹配色调。色调分离命令可指定 2~255 之间的任何一个值。打开【色调分离】对话框，设定【色阶】参数，如图 6-17 所示。色阶值越小，图像色彩变化越强烈；色阶值越大，色彩变化越细微。

图 6-17　分离图像颜色

■ 6.4.5　黑白命令

执行【图像】|【调整】|【黑白】命令，弹出【黑白】对话框，如图 6-18 所示。使用【黑白】命令可设置出色调较为丰富的灰色调图像，其可将彩色图像转换为灰度图像，同时保持对各颜色转换方式的完全控制。也可通过对图像应用色调将彩色图像转换为单色图像。

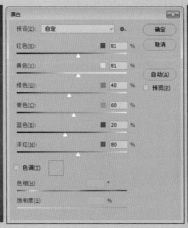

图 6-18　使用【黑白】命令调整图像色调

6.5　课堂练习——
秋景秒变春景

使用颜色调整命令，除了对照片、图像进行常规的颜色调整外，还可改变图像的内容。接下来的操作中，将利用替换颜色命令来实现秋景变春景的效果。

操作步骤：

01 打开附带光盘 \Chapter-06\ "风景 .jpg" 文件，效果如图 6-19 所示。

图 6-19　原始效果

02 执行【图像】|【调整】|【替换颜色】命令，打开【替换颜色】对话框，如图 6-20 所示。

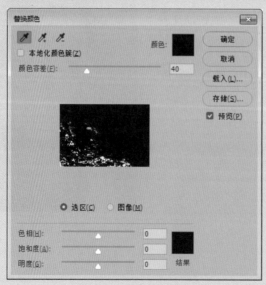

图 6-20　【替换颜色】对话框

03 选择对话框中的【添加到取样】工具，移动鼠标至图像中，将图像中植物的亮部、中间调、暗部分别选中，如图 6-21 所示。

图 6-21　选取范围

04 在对话框中，将【颜色容差】参数栏设置为 100，【色相】参数栏设置为 68，更改颜色为绿色，如图 6-22 所示。完成该实例的制作，效果如图 6-22 所示。

图 6-22　替换颜色

6.6 强化训练

项目名称 处理人物写真图像

项目需求

受某出版社委托为其排版一本女性杂志，其中涉及到对杂志中一张模特写真进行调整。要求去除身体上的斑点与皮肤修饰，并调整照片的整体色调。

项目分析

图像颜色调整命令的应用，不同的颜色命令对应不同的图像色彩问题。可考虑使【色相/饱和度】【色彩平衡】等命令来进行调整。

项目效果

项目效果如图 6-23 所示。

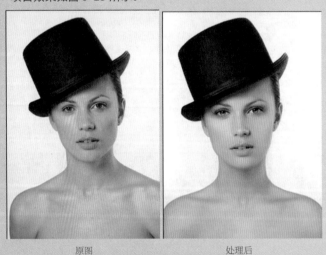

原图   处理后

图 6-23　处理人像颜色

操作提示

01 对图像进行裁剪，使用污点修复工具修复人物身上的斑点。

02 使用图层混合模式调整人物皮肤状态，使用液化工具对人物曲线进行调整。

03 使用色彩平衡命令调整图像的整体色调。

CHAPTER 07

通道与蒙版的
应用

内容导读

Photoshop中的通道与蒙版是两个高级编辑功能，要想完全掌握该软件，必须熟悉通道与蒙版功能。通道是存储不同类型信息的灰度图像，对我们编辑的每一幅图像都有着巨大的影响，是Photoshop必不可少的一种工具。蒙版用来保护被遮蔽的区域，具有高级选择功能，同时也能够对图像的局部进行颜色的调整，而使图像的其他部分不受影响。Photoshop中的通道与蒙版是两个高级编辑功能，要想完全掌握该软件，必须熟悉通道与蒙版功能。通道是存储不同类型信息的灰度图像，对我们编辑的每一幅图像都有着巨大的影响，是Photoshop必不可少的一种工具。蒙版是用来保护被遮蔽的区域，具有高级选择功能，同时也能够对图像的局部进行颜色的调整，而使图像的其他部分不受影响。

■ 学习目标
  ∨ 了解通道的类型
  ∨ 掌握通道的基本操作
  ∨ 掌握剪贴蒙版的创建
  ∨ 掌握图层蒙版的创建

创建选区

完成效果

7.1 认识通道

通道对于大多数设计师来说，是个非常好用的辅助作图的功能，它可以帮助设计师实现更为复杂的图像编辑。

■ 7.1.1 通道调板

执行【窗口】|【通道】命令，打开【通道】调板，当前图像颜色模式为 R（红）、G（绿）、B（蓝）模式，如图 7-1 所示。在【通道】调板中的第一个缩览图是复合通道，其实它并不算是通道，复合通道代表所有单个颜色通道混合后的全彩效果。

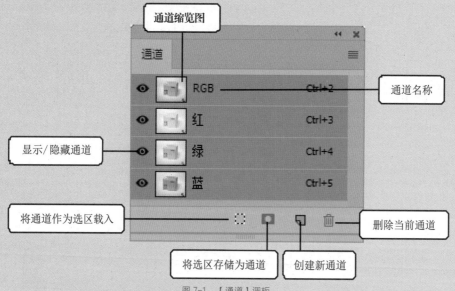

图 7-1 【通道】调板

通道调板中的主要选项按钮功能介绍如下。

- 通道缩略图：通道缩略图用于显示通道中的内容。
- 通道名称：每一个通道都有一个名称紧跟在缩略图之后，在创建新通道的时候可双击通道名称改变通道名称，但图像的主要通道和原色通道是不能改变名称的。
- 显示 / 隐藏通道：单击眼睛标识就可以显示或隐藏通道。
- 将通道作为选区载入：单击此按钮可将当前通道的内容转换为选择区域，转换过程通常是白色部分表示选区之内的，黑色部分在选区之外，灰色部分则是半透明效果。
- 将选区存储为通道：创建选区后，单击该按钮可以将选区保存到【通道】调板中，方便以后的调用，新添加的通道就是 Alpha 通道，如图 7-2 所示。

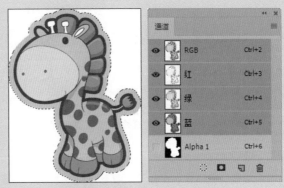

图 7-2　将选区存储在【通道】调板中

- 创建新通道：单击此按钮可迅速创建一个空白 Alpha 通道，通道显示为全黑色。
- 删除当前通道：选中通道后，单击此按钮可以删除当前通道，也可以在通道上右击鼠标，在弹出的菜单中选择【删除通道】命令进行删除。

■ 7.1.2　通道的类型

在 Photoshop 中，图像是由颜色信息通道组成的。除了颜色信息通道外，还可为图像中的通道添加 Alpha 通道与专色通道。

1. Alpha 通道

Alpha 通道主要用来保存选区，这样就可以在 Alpha 通道中变换选区，或者编辑选区，得到具有特殊效果的选区。

2. 专色通道

专色通道是一种特殊的通道，用来存储专色。专色是特殊的预混油墨，用来替代或者补充印刷色油墨，以便更好地体现图像效果。在印刷时每种专色都要求专用的印版，所以要印刷带有专色的图像，则需要创建存储这些颜色的专色通道，如图 7-3 所示。

图 7-3　专色通道

7.2　通道的基本操作

在通道调板中，颜色通道除了可以复制颜色信息、分离与合并通道外，还可通过显示、隐藏、复制、删除通道来编辑图像。

■ 7.2.1　创建 Alpha 通道

创建出 Alpha 通道后，就可以在其中添加选区、图像等内容，以便进行更多编辑选区的操作。单击【通道】调板右上角的 按钮，在弹出的菜单中选择【新建通道】命令，弹出【新建通道】对话框，单击【确定】按钮后创建新通道，如图 7-4 所示。

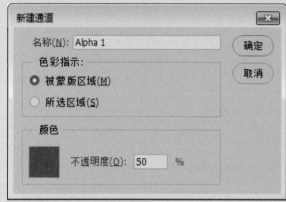
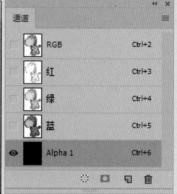

图 7-4　新建通道

新建通道对话框中的选项命令包含名称、色彩指示、颜色三部分。

- 名称：就是所建用户通道的名称，系统默认为 Alpha1、Alpha2 等，以此类推。
- 色彩指示：主要用于指定显示通道时颜色所表示的是选区还是非选区。
- 颜色：就是用来设定具体的颜色以及不透明度。系统默认的颜色为红色，不透明度为 50%。

■ 7.2.2　创建专色通道

专色通道往往应用于图像的输出，除了 CMYK 以外的颜色，需要创建出一个单独的存储这个颜色的专色通道。单击【通道】调板右上角的 按钮，在弹出的菜单中选择【新建专色通道】命令，弹出【新建专色通道】对话框，单击【确定】按钮即可创建专色通道，如图 7-5 所示。

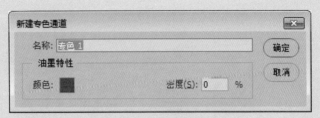

图7-5 【新建专色通道】对话框

7.2.3 复制与删除通道

在编辑某一个通道时，需要先将其复制，在副本的基础上进行外观、明暗上的调整。在【通道】调板中选定单个通道，单击【通道】调板右上角的 ≡ 按钮，在弹出的菜单中选择【复制通道】命令，弹出【复制通道】对话框，如图7-6所示。选中想要复制的通道，将其拖至【通道】调板下方的【创建新通道】按钮，也可复制通道。

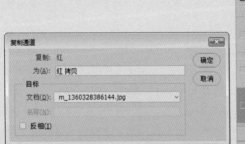

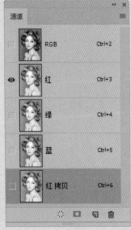

图7-6 复制通道

对于那些不需要的专色通道或者 Alpha 通道，在保存图像之前可将其删除，减少文件的大小。在【通道】调板中，拖动要删除的通道至【删除当前通道】 ⌦ 按钮处，将其删除。

7.2.4 分离与合并通道

单击【通道】调板右上角的 ≡ 按钮，在弹出的菜单中选择【分离通道】命令，可将图像中的各个通道分离成各个独立的灰度图，如图7-7所示。分离后的图像可以使用【合并通道】命令重新合并在一起，合并后的图像颜色模式为"多通道"。此时需要注意，分离后的图像尺寸、分辨率不能更改，否则无法重新合并到一起。分离出来的灰度图可分别进行存储，也可以单独修改每个灰度图。

原图　　　　　　　　　　　　　　　　　　　分离后的三个灰度图像

图 7-7　分离通道

7.3　蒙版的操作

蒙版是 Photoshop 中的高级编辑技巧，也是设计工作中必不可少的一项制图技巧。其中包括快速蒙版、剪贴蒙版和图层蒙版，其中图层蒙版更是重中之重。

7.3.1　快速蒙版

快速蒙版用来创建、编辑和修改选区的外观。打开图像后，单击工具箱中的【以快速蒙版模式编辑】按钮，进入快速蒙版编辑模式，如图 7-8 所示。

此时可使用【画笔工具】在视图中绘制，创建出所需的选区外观，如图 7-9 所示。其中红色半透明的部分代表【画笔工具】绘制的区域，这一区域是选区以外的部分。在绘制时，如需选区边缘清晰，则需要将【画笔工具】的【硬度】设置为 100%；如需选区边缘为平滑，则需要根据具体情况将【硬度】降低，该参数值越低，创建出的选区边缘越平滑。

图 7-8　进入快速蒙版

图 7-9　使用【画笔工具】绘制

此时工具箱中的【以快速蒙版模式编辑】▣ 按钮已变为【以标准模式编辑】▣ 按钮，单击该按钮，退出快速蒙版编辑模式，此时视图中出现选区，进行选区反转即可选中人物图像，将其抠取出来后为背景填色，如图 7-10 所示。

<table>
<tr><td>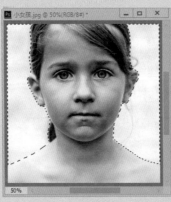</td><td>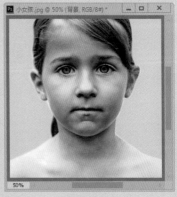</td></tr>
</table>

图 7-10　创建选区

7.3.2　剪贴蒙版

剪贴蒙版可以使用下方图层的图像形状，控制上方图层图像的显示区域。在创建剪贴蒙版时，首先要将剪贴的两个图层放在合适位置，被剪贴的图层置于上方。按住 Alt 键将鼠标置于两个图层之间，此时会出现一个黑色小箭头，此时单击可创建剪贴蒙版图像。创建剪贴蒙版后，蒙版中的下方图层名称带有下划线，被剪贴的图层将会显示出剪贴蒙版图标，如图 7-11 所示。

如果要释放剪贴蒙版中的图层，即取消图层应用剪贴蒙版效果，执行【图层】|【释放剪贴蒙版】命令，可释放该图层内容。如果该图层上存在其他内容，那么这些图层也会同时被释放。

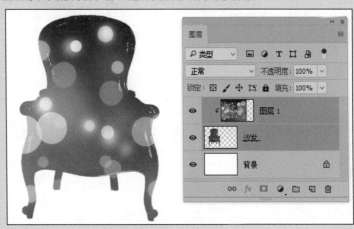

图 7-11　使用剪贴蒙版工作

■ 7.3.3 图层蒙版

图层蒙版属于图层技术里的高级功能，可把它称作是无损编辑，即可在不损失图像的前提下，将部分图像隐藏，并可随时根据需要重新修改隐藏的部分，如图 7-12 所示。

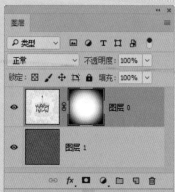

图 7-12　使用图层蒙版工作

选中图层后，单击【图层】调板中的【添加图层蒙版】 按钮，可为当前图层创建一个空白的图层蒙版，如图 7-13 所示。当创建蒙版后，可用所有的绘画工具进行编辑，如画笔、加深、减淡、模糊、锐化、涂抹等工具，因此在编辑蒙版时具有较大的灵活性，并可创建出特殊的图像合成效果，如图 7-14 所示。

图 7-13　添加图层蒙版　　　　　　　　　图 7-14　绘制蒙版

在创建图层蒙版时，如当前文件中存在选区，就可从选区创建蒙版。此时将会显示选区中的图像，隐藏选区外的图像，如图 7-15 所示原图中绘制有圆形选区。

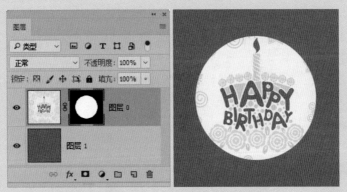

图 7-15　带有选区的前提下添加图层蒙版

7.4　课堂练习——墙上的油画

　　使用蒙版在设计创作时，可以将各种图像自然地融合在一起，下面将讲解如何使用蒙版创作一个小实例。

操作步骤:

01 启动软件，打开附带光盘 \Chapter-07\ "砖墙 .jpg" "油画 .jpg" "画框 .jpg"文件，如图 7-16 所示。

图 7-16　原始文件

02 单击"砖墙 .jpg"文件，使用【移动工具】 ，在"画框 .jpg"文件中单击并拖动鼠标，将其移动至"砖墙 .jpg"文件中，为其添加图层蒙版，如图 7-17、图 7-18 所示。

图 7-17　添加画框图像

图 7-18　添加图层蒙版

03 选择【魔棒工具】将画框图像的白色部分选中,效果如图 7-19 所示。

04 保持"图层 1"的图层蒙版为选中状态,使用黑色将选区填充,如图 7-20 所示。

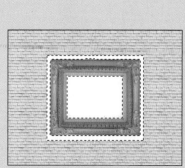

图 7-19　创建选区　　　　　　　　图 7-20　创建图层蒙版

05 按 Ctrl+D 快捷键取消视图中的选区,此时的图像效果如图 7-21 所示。

06 将油画图像拖动至"砖墙 .jpg"文件中,效果如图 7-22 所示。

图 7-21　添加蒙版后的效果　　　　图 7-22　添加油画图像

07 在【图层】调板中,参照图 7-23 所示。按 Ctrl+[快捷键调整图层上下位置。

08 按 Ctrl+T 快捷键,执行【自由变换】命令,将图像缩小,按 Enter 键确定变换,如图 7-24 所示。

图 7-23　调整图层位置　　　　　　图 7-24　缩小图像

09 双击"图层 1"，打开【图层样式】对话框，设置其参数，为"图层 1"添加投影效果，如图 7-25 所示。设置完毕后单击【确定】按钮，完成制作。此时的图像效果如图 7-26 所示。

图 7-25　添加投影效果

图 7-26　完成效果

7.5 强化训练

项目名称 替换面部图像

项目需求

受某健美中心委托为其个人制作健美肌肉合成照，要求合成自然。因肖像权问题，读者可找寻自己或身边男性朋友的正面照片，将健美先生的脸部图像换为自己找寻的照片。

项目分析

在拼合的过程中，注意角度要保持一致，光照方向也要统一，脸部图像四周使用图层蒙版控制好，要与健美先生图像自然地融合在一起。

项目效果

提供素材如图 7-27 所示。

图 7-27 素材

操作提示

01 置入素材文件，将需要替换的人物正面照置入最上方。

02 利用图层蒙版进行人物面部抠图，并调整人物面部色调与素材色调一致。

CHAPTER 08

路径的应用

内容导读 READING

Photoshop中提供了用于绘制图形的路径功能，利用这种功能，可以绘制出任何所需的图形。本章将讲述路径功能的使用方法和技巧。

■ 学习目标
  了解路径的绘制
  掌握形状的创建
  掌握路径和锚点的移动
  掌握路径的复制和储存

绘制图形

绘制风车效果

8.1　认识路径

　　路径是具有矢量特征的直线或者曲线，是矢量对象的轮廓，可根据需要放大或缩小。在 Photoshop 中，使用【钢笔工具】  或者其他工具绘制出的路径，将会被存储在【路径】调板中，其是用来存储和管理路径的地方，如图 8-1 所示。

图 8-1　【路径】调板

　　在调板底部分布着一些功能按钮，其功能介绍如下所示。

- 用前景色填充路径：使用工具箱中的前景色对路径进行填充。
- 用画笔描边路径：默认使用【铅笔工具】选项及前景色对路径进行描边。选中路径后，使用路径工具在视图中右击，在弹出的菜单中执行【描边路径】或是【描边子路径】命令，打开【描边路径】对话框，在其中可选择要使用的描边工具，如图 8-2 所示。

图 8-2　【描边路径】对话框

- 将路径作为选区载入：可将路径转换为选区。
- 从选区生成工作路径：可将选区转换为路径。
- 添加蒙版：可为当前所选路径创建矢量蒙版。
- 创建新路径：在调板中可创建新的空白路径层，新绘制的路径将被存储到其中。
- 删除当前路径：可删除当前选中的路径。

8.2　创建路径

　　使用工具箱中的路径工具可创建出所需的路径外观，路径工具可分为绘制规则路径和自由路径，其中包括钢笔工具、矩形工具、椭圆工具、多边形工具等。

■ 8.2.1　绘制自由路径

使用工具箱中的钢笔工具 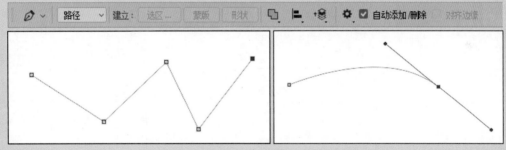、与自由钢笔工具 ，可自由地绘制出各种外观的路径。

1. 钢笔工具

钢笔工具是最基本的路径绘制工具，可使用该工具创建或编辑直线、曲线及自由的线条、形状。当使用【钢笔工具】绘制路径时，在图像中每单击一次就可创建一个锚点，且这个锚点与上一个锚点之间以直线连接。【钢笔工具】绘制出来的矢量图形称为路径，如图 8-3 左图所示。如果使用【钢笔工具】在页面中单击，在另一位置继续单击并拖动鼠标拉出控制柄，创建出曲线路径，在未松开鼠标的前提下拖动控制柄，可调节该锚点两侧或一侧的曲线弧度，如图 8-3 右图所示。当起始点与终点的锚点相交时，鼠标指针会变成 形状，此时单击鼠标，系统会将路径创建成封闭路径。在绘制过程中，按下键盘上的 Enter 键后会在视图中隐藏路径。

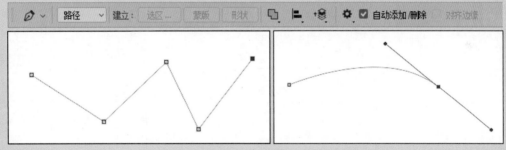

图 8-3　绘制路径

使用【钢笔工具】 在画布上连续单击可绘制出折线，通过单击工具箱中的【钢笔工具】 可结束该路径的绘制，也可按住 Ctrl 键的同时使用鼠标在画布的任意位置单击，以结束当前路径的绘制。

2. 自由钢笔工具

使用【自由钢笔工具】 可以像使用铅笔在画布上绘制线条一样自由绘制路径，只要按住鼠标左键拖动即可。在绘制路径的过程中，系统会自动根据曲线的走向添加适当的锚点。选中工具箱中的【自由钢笔工具】，其选项栏如图 8-4 所示。

图 8-4　【自由钢笔工具】选项栏

选中【磁性的】复选框，自由钢笔工具也具有了和磁性套索工具一样的磁性功能，可以用来抠取图像，具体操作时单击确定路径起始点后，沿图像边缘移动光标，系统会自动根据颜色反差建立路径。

3. 添加和删除锚点工具

添加锚点工具 ✍,和删除锚点工具 ✍,可以添加或是删除路径上的锚点。使用方法非常简单，使用【添加锚点工具】✍,在路径段上单击可添加锚点，如图 8-5 所示。使用【删除锚点工具】✍,在路径段的锚点上单击，可删除锚点，如图 8-6 所示。

按 Delete 键也可以将选中的锚点删除，但使用【删除锚点工具】和直接按 Delete 键删除锚点的效果是完全不同的，使用【删除锚点工具】删除锚点不会打断路径，而按 Delete 键会同时删除锚点两侧的线段，从而打断路径。

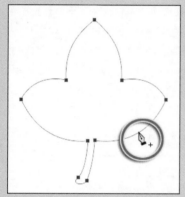 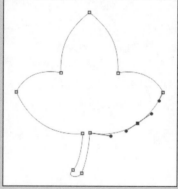

图 8-5　添加锚点

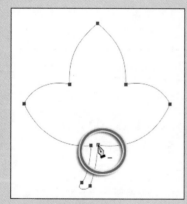 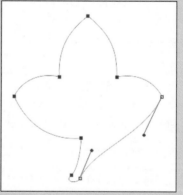

图 8-6　删除锚点

4. 转换点工具

转换点工具 ⊢,可对锚点的控制柄进行转换和编辑。在具体编辑时，只需通过单击或是单击并拖动锚点即可。将【转换点工具】⊢,移动到带有控制柄的锚点上单击，可将其转换为尖角锚点；将该工具移动到尖角锚点上单击并拖动，可为锚点添加控制柄，效果如图 8-7 所示。

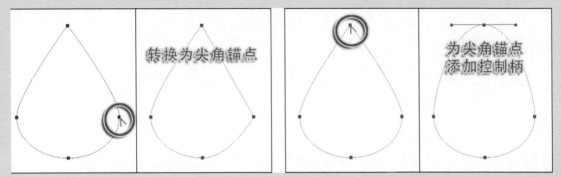

图 8-7　改变锚点状态

使用【转换点工具】⚲可将平滑型锚点转换为拐角型锚点，直接利用【转换点工具】⚲移动光标至平滑型锚点一侧的控制柄方向点上方拖动即可。

■ 8.2.2　绘制规则路径

在 Photoshop 中形状工具组中提供了多种几何图形，通过使用这些形状工具可以方便、快捷地绘制出所需的图形，如矩形、圆形、多边形等。

1. 矩形工具

使用矩形工具可绘制矩形、正方形的路径。绘制矩形路径的方法非常简单，直接使用矩形工具在文档中任意一处，单击并拖动即可绘制出矩形路径。

2. 圆角矩形工具

圆角矩形工具 ⚲ 的使用方法同矩形工具 ⚲ 相同，直接拖动即可绘制圆角矩形。在该工具的选项栏中，可设置圆角的半径，Photoshop默认的参数为 10 个像素，该参数栏的范围为 0 ~ 1000 像素，通过设置半径的大小可绘制出不同大小圆角的圆角矩形。

3. 椭圆工具

椭圆工具可绘制圆形路径，按下键盘上 Shift 键的同时拖动鼠标，可绘制正圆路径。

4. 多边形工具

使用多边形工具可绘制等边多边形，如等边三角、五角星和星形等。Photoshop 默认的多边形边数为 5。在其选项栏中，可以设置多边形的边数，多边形参数的范围是 3 ~ 100。

5. 直线工具

直线工具 ∕ 可以绘制出直线路径，在直线工具选项栏中可以设置线条的粗细，从而改变所绘制的直线路径宽度。

6. 自定形状工具

自定形状工具 ☆ 可使用系统预设的形状进行绘制，其中包括星星、脚印到花朵等各种符号化的形状。当然还可自定义自己喜欢的图像为图形路径，以方便重复使用。单击【自定形状工具】选项栏右侧【点按可打开"自定形状"拾色器】下拉列表，在打开的列表中可选择所需的形状，如图 8-8 所示。其中载入了系统中所有的预设形状。单击列表右上角的按钮，在弹出的菜单中选择【全部】命令，然后在弹出的对话框中单击【确定】按钮，即可载入所有预设的形状。

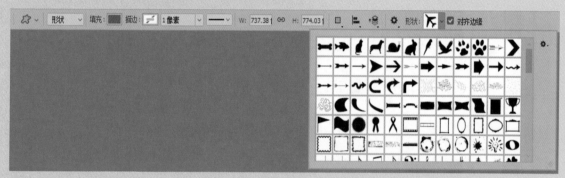

图 8-8　预设形状列表

8.3　创建形状

此处所说的形状，不是指路径的外观，而是一种矢量的特殊图层，如图 8-9 所示。这是使用【自定形状工具】☆ 绘制的形状图层。

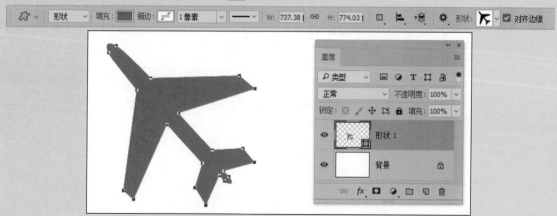

图 8-9　形状图层

选项栏左端的下拉列表中，包括三个选项：形状、路径和像素。所有绘制类的路径工具都有该选项，它可以控制绘制的内容是形状图层、路径还是普通的图像。当选中【路径】选项后，使用绘制类的路径工具可创建出路径，该路径会保存在【路径】调板中。当选中【像素】选项后，可在普通图层中绘制出图像。选中【形状】选项后，就可以绘制出包含路径的形状图层，该形状图层中的路径可以反复修改，双击图层缩览图可打开【拾色器（纯色）】对话框，可修改形状的颜色。

8.4　编辑路径

创建路径后，还可继续使用路径编辑工具对其外观进行调整，根据所需通过编辑锚点即可改变路径的外观。

■ 8.4.1　移动路径和锚点

在编辑路径之前，首先要选择路径，Photoshop 提供了两个路径选择工具，分别为路径选择工具 和直接选择工具 。

在【路径】调板中单击选中需要编辑的路径，使路径在视图中显示出来，然后单击工具箱中的【路径选择工具】，将鼠标指针移动到需要选择的路径上，单击即可选择路径，如图 8-10 所示。被选择路径上的锚点全部显示为黑色，此时可直接拖动路径移动其位置。

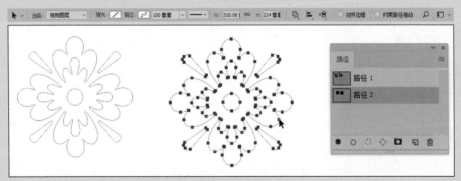

图 8-10　选择路径

在使用路径选择工具时，如果拖动鼠标创建一个选框区域，与选框区交叉和包含的所有路径都将被选择。在选择多条路径后，使用工具选项栏中的【路径对齐方式】 按钮可对路径进行对齐和分布等操作，单击【路径操作】 按钮则可按照各路径的相互关系进行组合。

若想要选择路径中的锚点，可以使用直接选择工具。首先将光标移动至该锚点所在路径上单击，选中该路径，选中路径后所有锚点都会以空心方框显示，再移动光标至锚点上单击，即可选择该锚点，此时若拖动鼠标即可移动该锚点，如图 8-11 所示。

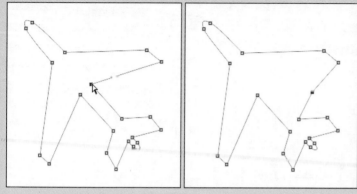

图 8-11　选择并移动锚点

　　使用直接选择工具时，如果要同时选中多个锚点，可以在按住 Shift 键的同时逐个单击需要选择的锚点，还可以拖动鼠标拉出一个虚框，选中框内的所有锚点。

　　与移动锚点相同，使用直接选择工具 按住线段拖动，可移动路径中的线段，在曲线段上拖动可改变曲线的形状，按 Delete 键可删除选中的路径段。

　　使用【直接选择工具】 选中锚点之后，该锚点及相邻锚点的控制柄和方向点就会显示在视图中，与移动锚点的方法类似，移动光标至控制柄方向点上，按住鼠标拖动，可改变控制柄的长度和角度。控制柄和方向点的位置确定了曲线段的变曲程度，移动这些元素可更改路径的形状，如 8-12 所示。

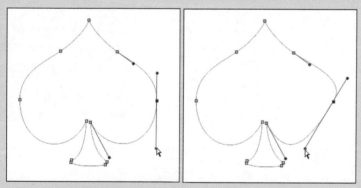

图 8-12　拖动控制柄改变路径形状

8.4.2　复制路径

　　绘制路径后，使用工具箱中的【路径选择工具】 选中路径，按住 Alt 键拖动选中的路径即可复制路径。

　　复制路径还可以采用以下几种方法：

● 选择【路径】调板中的任意一条已保存的路径，在该路径名称上右击，在弹出的菜单中选择【复制路径】命令，弹出【复制路径】对话框，如图 8-13 所示。可以根据需要修改路径名称。

图 8-13 【复制路径】对话框

- 在【路径】调板中，按住 Alt 键并将路径拖到【创建新路径】图标上，会弹出【复制路径】对话框，单击【确定】按钮即可复制路径。
- 在【路径】调板中，拖动路径至调板底部的【创建新路径】按钮上，可直接创建路径的副本。
- 选中路径后，使用【编辑】菜单下的【拷贝】和【粘贴】命令也可以实现复制路径的操作。

■ 8.4.3 存储路径

在默认状态下，绘制的路径在【路径】调板中为工作路径。工作路径是一种临时性的路径，当绘制新的路径时，新绘制的路径将替代原有的工作路径，且系统不会做任何提示，为了便于后期方便调整，可将绘制的路径存储起来。

在【路径】调板中双击"工作路径"，或是拖动"工作路径"至调板底端【创建新路径】按钮上，还可以从调板菜单中选择【存储路径】命令，都将弹出【存储路径】对话框，在对话框中可以更改路径的名称，然后单击【确定】按钮即可保存路径，如图 8-14 所示。

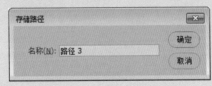

图 8-14 【存储路径】对话框

8.5 应用路径

很多人在学习路径时都有这样的困惑，就是掌握了路径的绘制和编辑方法后，却不知道路径应该何时、如何应用到设计作品中。

其实路径在设计工作中最主要的作用就是绘制各种各样的图像，有时是作为图像中的主体，如图 8-15 所示。有时是作为前期的基础图案绘制，如图 8-16 所示。这些都是作者早些年前的一些作品，因为中

间涉及到的细节非常多，要绘制大量的路径，这时就需要将路径分为
不同的层分别存储，利于管理和编辑，当需要那个内容的路径时可快
速地查找到。为了便于读者查看，作者已经将这两幅作品中所有的路
径都汇集在一个路径层中。

图 8-15　作者 2007 年的设计作品

图 8-16　作者 2011 年的设计作品局部

简单来说，就是可使用路径绘制出需要的轮廓，如图 8-17 所示。

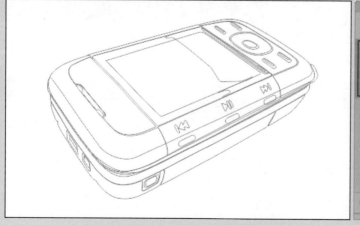

图 8-17　绘制路径

绘制路径后，将每个细节路径转换为选区，新建图层并分别填充颜色，保持每个细节的可持续编辑，如图 8-18 所示。

图 8-18　转换为图像

在转换为选区时，可使用前面讲过的【路径】调板中的【将路径作为选区载入】｜※｜按钮，也可选中路径段后，在视图中右击，在弹出的菜单中选择【建立选区】命令，打开【建立选区】对话框，如图 8-19 所示。下面将介绍对话框中各选项的属性。

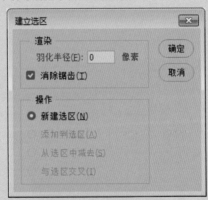

图 8-19　【建立选区】对话框

- 羽化半径：设置转换为选区后的边缘羽化程度。
- 消除锯齿：选中该选项后，创建的选区边缘将更为平滑。
- 新建选区：创建全新的选区，若视图中有选区，可进行操作选择，如添加到选区。
- 添加到选区：新创建的选区将添加到视图中已有的选区范围。
- 从选区中减去：新创建的选区将从视图中已有选区范围内减去。
- 与选区交叉：只保留新创建选区与已有选区相交的部分。

将路径转换为选区并填充图像后，接下来就是对细节的编辑，如添加过渡以及阴影变化等内容，如图 8-20 所示。

图 8-20　添加细节图像

8.6　课堂练习——风车

接下来将与读者一起使用形状工具来制作一个风车的小实例，以熟练掌握形状工具。

操作步骤：

01 打开附带光盘 \Chapter-08\ "风景 .jpg" 文件，如图 8-21 所示。

图 8-21　打开背景图像

02 在工具箱中选择【自定形状工具】，在其选项栏中，设置工具模式为【形状】选项，并在形状下拉列表中选择【雨滴】形状，如图 8-22 所示。

图 8-22　设置选项栏

03 使用【自定形状工具】 在视图中绘制水滴形状，如图 8-23 所示。

图 8-23　绘制水滴形状

04 在【图层】调板中，双击"形状 1"图层的图层缩览图，在打开的【拾色器（纯色）】对话框中，设置颜色为枚红色，如图 8-24 所示。

图 8-24　更改颜色

05 在选项栏中单击【设置形状描边类型】按钮，设置【描边】为黑色，效果如图 8-25 所示。

图 8-25　设置描边颜色

06 在选项栏中将【设置形状描边宽度】参数设置为 12 像素，如图 8-26 所示。

图 8-26　设置描边宽度

07 在【图层】调板中将"形状 1"图层复制，如图 8-27 所示。

图 8-27　复制形状图层

08 执行【自由变换】命令，使其垂直翻转变换形状，如图 8-28 所示。

09 继续复制图层并使用【自由变换】命令变换图像，得到如图 8-29 所示的效果。

图 8-28　变换形状外观　　　　图 8-29　复制并变换图像

10 在【图层】调板中，按 Ctrl+G 快捷键将所有形状图层编组，如图 8-30 所示。

11 使用【自由变换】命令调整图层组中形状的大小，如图 8-31 所示。

图 8-30　创建图层组　　　　图 8-31　变换形状大小

12 选择工具箱中的【直线工具】，设置选项栏中的【粗细】参数为 10 像素，如图 8-32 所示。

图 8-32 设置选项栏

13 调整直线形状的图层位置，使其与形状组居中对齐，如图 8-33 所示。

图 8-33 调整图层顺序

14 将"组 1"图层组和"形状 2"图层复制，然后将复制的图层组和形状图层合并，调整其大小并移动其至合适位置，效果如图 8-34、图 8-35 所示。

图 8-34 编辑图层   图 8-35 变换图像大小

15 执行【图像】|【调整】|【色相/饱和度】命令弹出【色相/饱和度】对话框，改变图像颜色，如图 8-36 所示。

16 使用相同的方法，继续复制图层、调整大小并改变图像的颜色，最终得到如图 8-37 所示的效果。

图 8-36 调整图像颜色   图 8-37 最终效果

8.7　强化训练

项目名称　绘制矢量兔子的图形

项目需求

受某厂商委托为其制作一款零食包装盒，其中需要绘制一张兔子矢量图形。要求形象设计感较亲切、简单、大方。

项目分析

使用【钢笔工具】绘制兔子形状。需要注意的是在开始绘制时，可考虑将形状图层的透明度降低，以方便查看绘制的细节变化。

项目效果

项目效果如图 8-38 所示。

图 8-38　项目效果

操作提示

01 使用矩形工具绘制正方形背景，并设置渐变填充。

02 使用钢笔工具绘制兔子形状，并填充颜色，设置投影效果。

03 使用文字工具输入文字信息，设置字体、字号。

CHAPTER 09

滤镜的应用

滤镜的使用会使图像产生各种特殊的纹理，如浮雕效果、球面化效果、光照效果、模糊效果和风吹效果等，可以为创作的设计作品增加更多丰富的视觉效果。

■ 学习目标
　＼ 了解滤镜的基础知识
　＼ 掌握滤镜库的使用
　＼ 掌握液化命令的使用
　＼ 掌握风格化滤镜的使用

添加模糊效果

动感汽车效果

9.1 滤镜应用

在 Photoshop 软件中会有一个专门的菜单项就是滤镜，通过选择该菜单中的某一项滤镜命令，可打开相应的对话框进行设置，效果如图 9-1 所示。对于大多数滤镜来说，其使用方法是相同的，执行相应的命令后打开对应的滤镜对话框，根据需要设置参数，达到理想的效果后单击确定按钮并关闭对话框，应用滤镜效果。

图 9-1 使用滤镜工作

9.1.1 滤镜基础知识

滤镜菜单的第一项命令，是此次启动 Photoshop 后最近一次使用的滤镜命令名称，如果需要重复使用该滤镜，直接选择该命令，或者按 Ctrl+F 快捷键，即可不打开对话框直接重复执行该命令。如果想更改该命令参数，按 Ctrl+Alt+F 快捷键，使用上次执行过的滤镜命令，但可打开设置对话框，重新设置其参数。当执行一次滤镜命令后，不满意其效果，可按 Ctrl+Shift+F 快捷键，打开【渐隐】对话框，将滤镜效果渐隐或更改其混合模式，单击【确定】按钮并关闭对话框，改变滤镜效果，如图 9-2 所示。

图 9-2 设置渐隐效果

在执行【滤镜】命令时要确定当前图层或者是通道是否被选中。

如果在图像中存在选区，那么执行的滤镜效果只会对选区内的区域进行处理，没有选区则是对整个图像进行处理。滤镜的处理效果是以像素为单位，因此，滤镜的处理效果与图像的分辨率有关，相同参数处理的图像如果分辨率不同，那么也会产生不同的图像效果。对于文字、形状、调整和填充等图层来说，只有在栅格化后才可执行【滤镜】命令进行图像效果处理。

■ 9.1.2 滤镜库

自从 Photoshop CS 引入滤镜库功能后，对很多滤镜提供了一站式访问。【滤镜库】对话框中包含了常用的六组滤镜，这样在执行滤镜命令时，特别是想对一幅图像尝试不同效果时，就不用在一个个滤镜对话框之间相互转换，而是在同一个对话框中就可设置不同的滤镜效果。执行【滤镜】|【滤镜库】命令，打开如图 9-3 所示的对话框。

图 9-3　【滤镜库】对话框

使用滤镜库可以非常方便、直观地为图像添加滤镜。该对话框的中间部分列出了可用的滤镜命令，这些命令分别放置在不同的选项组中，单击某个滤镜组名称，可显示该滤镜组中的滤镜缩略图，单击不同的缩略图，可在左侧的预览框中看到应用不同滤镜后的效果。

默认情况下，滤镜库中只有一个效果图层，单击不同的滤镜缩略图，效果图层会显示相应的滤镜命令。要想在保留滤镜效果的同时，添加其他滤镜，可单击右下角【新建效果图层】 按钮，创建与当前相同滤镜的效果图层，然后单击应用其他滤镜即可，如图 9-4 所示。

图 9-4　新建效果图层

当建立多个效果图层后，得到的是滤镜效果堆叠的图像效果。而效果图层的堆放顺序决定最终图像显示效果，改变效果图层的堆放顺序非常简单，单击并且拖动放置在其他效果图层的上方或者下方即可。

当建立了两个或者更多的效果图层时，单击某个效果图层左侧的眼睛图标 👁，可将其隐藏。

■ 9.1.3　智能滤镜

智能滤镜可以在添加滤镜的同时，保留图像的原始状态不被破坏，添加的滤镜可以像添加的图层样式一样存储在【图层】调板中，并且可以重新将其调出修改参数。使用【滤镜】菜单中的【转换为智能滤镜】命令，可以将当前图像文档中的选定图层设定为智能对象。将当前图层转换为智能对象后，就可以为图像添加智能滤镜效果，如图 9-5 所示。为其添加了两个滤镜命令，添加的滤镜作为智能滤镜排列在图层的下方。

图 9-5　添加滤镜效果

添加了智能滤镜后，可以进行以下一些编辑。

- 修改智能滤镜效果：在滤镜效果名称上双击鼠标，重新打开所对应的滤镜对话框，可重新设定参数，修改添加的滤镜效果。

- 显示或隐藏智能滤镜：单击智能滤镜图层前的眼睛图标，叮隐藏或显示添加的所有滤镜效果，以对比添加滤镜后的图像和原始效果；若单击单个滤镜前的眼睛图标，可隐藏或显示单个的滤镜。

- 删除智能滤镜：拖动智能滤镜图层或是单个滤镜效果至【删除图层】🗑按钮处，可将添加的所有滤镜或是选择的滤镜效果删除。

- 编辑滤镜混合选项：在【图层】调板中双击滤镜名称右侧的 ⬌ 图标，此时会弹出提示对话框，如图9-6所示。提示除当前正在更改效果的滤镜可在图像中预览外，其他滤镜效果会暂时隐藏。单击【确定】按钮，关闭提示对话框，打开【混合选项（高斯模糊）】对话框，设置模式为叠加，效果如图9-7所示。

图 9-6　提示对话框　　　　　　　图 9-7　编辑【混合选项（高斯模糊）】对话框

　　在该对话框中，打开【模式】下拉列表，从中可选择一种混合模式，以改变当前滤镜与下面滤镜或是图像的混合效果。设置【不透明度】参数栏，可改变该滤镜应用到图像中的强度。设置完毕单击【确定】按钮，关闭对话框并应用设置即可。

9.2　Photoshop 滤镜

　　Photoshop 拥有 100 多种滤镜效果，可以实现扭曲图像、添加纹理、模拟绘画等效果，下面对一些常用的滤镜效果进行展示和介绍。

■ 9.2.1　液化命令

　　液化滤镜可以实现对图像进行变形的操作，如对图像进行收缩、推拉、扭曲等变形效果。执行【滤镜】|【液化】命令，打开【液化】对话框，如图9-8所示。其中包括更多关于笔刷的设置、人脸的识别，以及设置保护蒙版的选项。

图 9-8 【液化】对话框

在该对话框的工具箱中，包含了 12 种应用工具，下面分别对这些工具加以介绍。

- 脸部工具 ⌾：这是在上一版 Photoshop 基础上优化的一个功能，比之前更为好用。它具备高级人脸识别功能，可自动识别眼睛、鼻子、嘴唇和其他面部特征，轻松对其进行调整。在对话框中选择该工具后进入到该工具的工作模式下，将鼠标指针悬停在脸部图像时，Photoshop 会在脸部周围显示直观的屏幕控件，包括脸型、脸颊、眼睛、鼻子、嘴巴部位，其都可以通过控件做出调整，如放大眼睛或者缩小脸部宽度等操作，如图 9-9 所示。

原图　　　　　　　　　　调整后

图 9-9　使用人脸智能调节功能

> **提示一下**
>
> 　　按住鼠标左键不动，可呈现顺时针漩涡状态。按住 Alt 键并按住鼠标左键不动，可呈现逆时针漩涡状态。

- 向前变形工具⊌：该工具可以移动图像中的像素，得到变形的效果。
- 重建工具⊌：使用该工具在变形的区域单击或拖动光标进行涂抹，可以使变形区域的图像恢复到原始状态。
- 平滑工具⊿：可以通过不断的绘制，将添加的变形效果逐步恢复。
- 顺时针旋转扭曲工具⊛：使用该工具在图像中单击或移动光标时，图像会被顺时针旋转扭曲；当按住 Alt 键单击时，图像则会被逆时针旋转扭曲。
- 褶皱工具⊛：使用该工具在图像中单击或移动光标时，可以将像素向画笔中间区域的中心移动，使图像产生收缩的效果。
- 膨胀工具⬦：使用该工具在图像中单击或移动光标时，可以将像素向画笔中心区域以外的方向移动，使图像产生膨胀的效果。
- 左推工具⬚：使用该工具可以使图像产生挤压变形的效果。垂直向上拖动光标时，像素向左移动；向下拖动鼠标时，像素向右移动。
- 冻结蒙版工具⬚：使用该工具可以在预览窗口绘制出冻结区域，在调整时，冻结区域内的图像不会受到变形工具的影响。
- 解冻蒙版工具⬚：使用该工具涂抹冻结区域能够解除该区域的冻结。
- 抓手工具✋：放大图像的显示比例后，可使用该工具移动图像，以观察图像的不同区域。
- 缩放工具🔍：使用该工具在预览区域中单击可放大图像的显示比例；按 Alt 键在该区域中单击，则会缩小图像的显示比例。

■ 9.2.2　风格化滤镜

该滤镜组可以通过置换像素和查找并增加图像的对比度，使图像中生成绘画效果。该滤镜组还可以强化图像的色彩边界，所以图像的对比度对此类滤镜的影响较大，如图 9-10 所示。

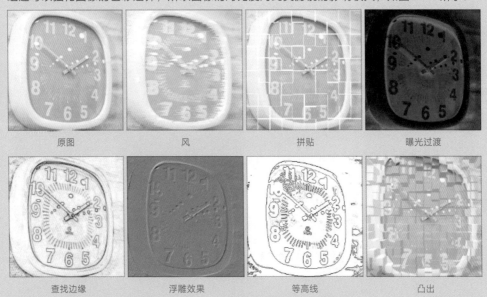

| 原图 | 风 | 拼贴 | 曝光过渡 |

| 查找边缘 | 浮雕效果 | 等高线 | 凸出 |

图 9-10　风格化滤镜组部分效果展示

9.2.3　画笔描边滤镜

该滤镜组与艺术效果滤镜组相似，可使用不同的画笔和油墨对图像添加描边效果，以创造出绘画效果的外观。其滤镜效果包括成角的线条、墨水轮廓、喷溅等 8 种，如图 9-11 所示。

图 9-11　画笔描边滤镜组效果展示

9.2.4　模糊滤镜

模糊滤镜可以使图像产生不同程度的模糊效果，主要用于修饰图像。使用模糊滤镜其实就是为图像生成许多副本，使每个副本向四周以 1 像素的距离进行移动，离原图像越远的副本其透明度越低，从而形成模糊效果。执行【滤镜】|【模糊】命令，弹出各个模糊命令，如图 9-12所示为不同模糊命令的效果。

图 9-12　不同模糊滤镜产生的效果

■ 9.2.5　扭曲滤镜

扭曲滤镜组中包含着 9 种扭曲滤镜命令，其滤镜主要是将当前图层或者选区内的图层进行各种各样的扭曲变形，从而使图像产生不同的艺术效果。图 9-13 为常用扭曲滤镜的图像效果展示。

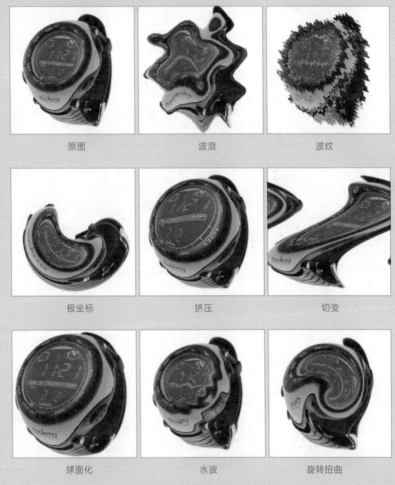

原图　　　　　　　波浪　　　　　　　波纹

极坐标　　　　　　挤压　　　　　　　切变

球面化　　　　　　水波　　　　　　　旋转扭曲

图 9-13　常用的扭曲滤镜效果展示

■ 9.2.6　素描滤镜

素描滤镜组用于创建手绘图像的效果，可以将纹理添加到图像上，还适用于创建美术或手绘外观，如图 9-14 所示。其中许多滤镜在重绘图像时将需要设置前景色和背景色。除了铬黄渐变和水彩画纸滤镜之外，其他的滤镜都和前景色或背景色相关。

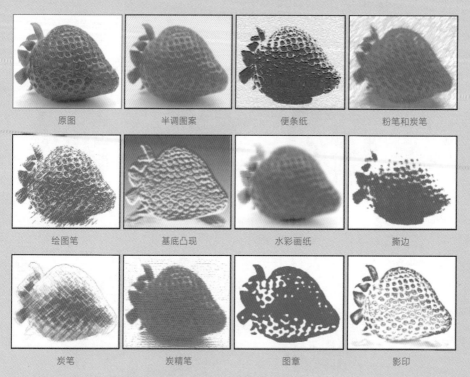

图 9-14　常用的素描滤镜效果展示

■ 9.2.7　纹理滤镜

该滤镜组中的滤镜可为图像添加各种的纹理效果，如拼缀图、染色玻璃或龟裂缝等效果，如图 9-15 所示。

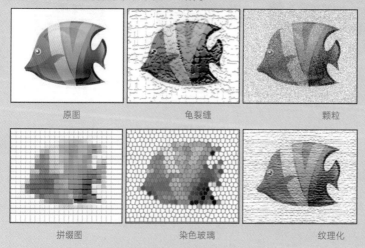

图 9-15　不同纹理滤镜组效果展示

■ 9.2.8　像素化滤镜

像素化滤镜组包括了 7 种滤镜命令，主要通过将相似颜色值的像素转换成单元格的方法，使图像分块或者是平面化，如图 9-16 所示为不同像素化滤镜的效果。

| 原图 | 彩色半调 | 点状化 | 马赛克 |

图 9-16　常用的像素化滤镜效果展示

9.2.9　艺术效果滤镜

艺术效果滤镜组主要为用户提供模仿传统绘画手法的效果，可为图像添加天然或者是传统的艺术图像效果。该组提供了 15 种滤镜，全部存储在【滤镜库】对话框中，如图 9-17 所示为使用部分艺术效果滤镜命令后的对比效果。

图 9-17　艺术效果滤镜效果

9.3　课堂练习——动感汽车

动感模糊命令可以使添加的模糊效果带有方向性，利用这一特点可为图像制作动感特效。

操作步骤:

01 启动软件，打开附带光盘 \Chapter-09\"汽车.jpg"文件，如图 9-18 所示。

02 在【图层】调板中，将"背景"图层复制，如图 9-19 所示。

图 9-18　原始文件　　　　　　　　　　　　　图 9-19　复制图层

03 执行【滤镜】|【模糊】|【动感模糊】命令，弹出【动感模糊】对话框，设置模糊的角度为 0，如图 9-20 所示。

图 9-20　添加模糊效果

04 使用【橡皮擦工具】擦除汽车图像的中间部分，如图 9-21 所示。

05 使用【椭圆选框工具】绘制圆形选区，将汽车图像的轮胎选中，单击"背景"图层，执行【径向模糊】命令，为轮胎图像添加径向模糊效果，如图 9-22 所示。此处添加【径向模糊】命令的参数不可太小也不可太大。

参数太小无法看出效果，而参数过大则模糊的程度会变大，看不出轮胎的大致轮廓。

图 9-21　擦除部分图像

图 9-22　添加径向模糊效果

06 将选区移动到另外一个车轮处，再次添加相同参数设置的【径向模糊】命令。设置完毕后关闭对话框并取消选区，完成该案例的制作，效果如图 9-23 所示。

图 9-23　完成效果

9.4　强化训练

项目名称　制作水蒸气效果

项目需求

受某餐厅委托为其制作一张特色菜谱,要求为其特色菜实物拍照图片,加上逼真水蒸气效果,目的为让顾客在观看菜单时感受到真实性。

项目分析

开始制作时需要用到图层混合效果,制作过程中需要用到滤镜效果中的分层云彩、波浪、极坐标等命令,使用这些命令时注意设置参数要仔细。

项目效果

项目效果如图 9-24 所示。

原图　　　　　　　　　　　　　　　　效果图

图 9-24　逼真水蒸气效果

操作提示

01 置入素材,新建图层并填充颜色,设置图层混合为滤色。

02 执行【滤镜】|【渲染】|【分层云彩】命令,制作水蒸气初始效果。

03 执行【滤镜】|【扭曲】|【极坐标】命令,使水蒸气呈上升趋势。

04 执行【滤镜】|【扭曲】|【波浪】命令,制作水蒸气飘动的效果。

CHAPTER 10
动作与任务
自动化

内容导读 READING

在Photoshop中，自动化命令是将烦琐的操作步骤融合在一个命令中，只要执行该命令，Photoshop会自动进行操作完成工作，这样可以节省时间，提高工作效率。在自动命令中，包括动作命令、批处理命令与Photomerge命令等。

■ 学习目标
　了解动作的基础知识
　掌握图像的批处理
　掌握精确剪裁照片

【动作】面板

为图像添加水印

10.1 动作基础知识

动作功能是 Photoshop 中自动化功能的一种方式，是一系列录制命令的集合。在 Photoshop 中，用户可将经常进行的工作任务按执行顺序录制成动作命令，在以后的工作中反复使用，减轻烦琐的工作负担，提高工作效率。

■ 10.1.1 动作调板

要记录工作过程，首先要打开【动作】调板。执行【窗口】|【动作】命令，打开如图 10-1 所示的对话框。在该控制调板中可以记录所有关于动作的操作。

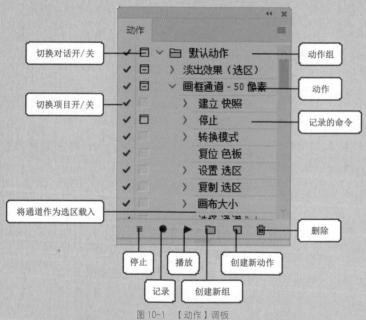

图 10-1 【动作】调板

动作调板中主要选项或按钮的作用如下。

- 切换项目开 / 关：用于暂时屏蔽动作中的某个命令。
- 切换对话开 / 关：当动作文件名称前面出现该标志，且标志颜色为红色时，表示该动作文件中部分命令包含了暂时操作。
- 停止播放 / 记录：只有当前录制动作按钮处于活动状态时，该按钮才可使用。单击其可以停止当前的录制操作。
- 开始记录：用于为选定动作录制命令。处于录制状态时，该按钮为红色。
- 播放选定的动作：单击此按钮可执行当前选定的动作，或者是当前动作中自选定命令开始的后续命令。

- 创建新组：单击此按钮可以创建新动作文件夹。
- 创建新动作：单击此按钮可以创建新动作。
- 删除：删除选定的动作文件、动作或者是动作中的命令。

　　单击"默认动作"组的展开按钮，会看到 Photoshop 自带的一个动作列表。当一个动作或者动作组名称左侧的【切换项目开 / 关】打开时，该动作或者动作组将在播放时被应用到图像中。如果【切换项目开 / 关】没有启用，这个动作将被跳过。通过启用或者禁用【切换项目开 / 关】，可以确定哪些动作将会在一个组中得到应用。当启用【切换对话开 / 关】时，这个动作将暂停并且显示一个对话框，以便能够修改设置。

　　单击【动作】调板右上角的 ▤ 按钮，可以打开调板菜单，该菜单提供了用来保存、载入、复制和创建新动作和动作组的多种命令。如新建一个组，将常用的动作录制好放入这个新组中，再将其通过【存储动作】命令保存在硬盘中。在软件重新安装后，可使用【载入动作】命令将其重新载入使用，或者将保存的动作文件复制到其他计算机中，然后在 Photoshop 内载入使用，如图 10-2 所示为作者日常工作中常用到的自定动作命令。

图 10-2　自定的动作命令

■ 10.1.2　录制动作

　　录制动作其实很简单，新建动作或打开一个开关开始记录操作，操作执行完毕后关闭开关即可。

　　首先创建一个新动作，该动作可在默认的动作组中创建，也可先创建新组，然后在新组中创建动作。方法是在【动作】调板底部单击【创建新组】 ▢ 按钮，在弹出的【新建组】对话框中，直接单击【确定】按钮创建"组 1"，如图 10-3 所示。

图 10-3 创建新组

接着单击【创建新动作】 按钮，打开【新建动作】对话框，在其中可以定义动作的名称、组别和快捷键设定，设置完毕后单击【记录】按钮创建"动作1"，如图10-4所示。

图 10-4 创建动作

【动作】调板中的【开始记录】● 按钮变为红色时，表示已经可以开始录制。当制作完成后，单击该调板底部的【停止播放/记录】■ 按钮，停止记录。如需在其中继续添加新命令，方法是选择需要添加新命令的动作名称，单击【动作】调板底部的【开始记录】● 按钮，就可在选中的动作中继续记录动作，如图10-5所示。添加完毕单击【停止播放/记录】■ 按钮，停止记录。

图 10-5 添加动作命令

提示一下

在【新建动作】对话框中，选择【功能键】下拉列表中的快捷键后，在应用动作时，则可以在不通过【动作】调板的情况下，直接按快捷键将动作中的一系列命令应用到图像中。

对于录制好的动作命令，可以根据需要对其进行编辑，在 Photoshop 中可以重命名动作名称，还可以复制、调整、删除、添加、修改和插入动作命令。而这些操作与【图层】调板中的图层操作相类似。

动作录制完成后，选择图像，单击【动作】调板中的【播放选定的动作】▶ 按钮即可执行动作。

■ 10.1.3　设置回放选项

单击【动作】调板右上角的 ▤ 按钮，可打开调板菜单，选择其中的【回放选项】命令。在该对话框中有 3 个单选按钮可以选择，用于控制播放动作的速度，如图 10-6 所示。

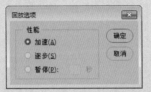

图 10-6　【回放选项】对话框

下面将简单介绍【回放选项】对话框中 3 个单选按钮的属性。

- 加速：Photoshop 中默认设置，执行动作时速度较快。
- 逐步：启用该单选按钮，在【动作】调板中将以蓝色显示当前运行的操作步骤，一步一步地完成动作命令。
- 暂停：启用该单选按钮，在执行动作时，每一步都暂停，暂停的时间由右侧文本框中的数值决定，调整范围为 1 ～ 60 秒。

10.2　批处理图像

【批处理】命令可让一个文件夹中的所有图像文件执行同一个动作命令，从而提高工作效率。执行【文件】|【自动】|【批处理】命令，打开如图 10-7 所示的对话框。

图 10-7　【批处理】对话框

- 组：选择批处理使用的动作组。
- 动作：选择批处理使用动作组中的动作命令。
- 覆盖动作中的"打开"命令：覆盖引用特定文件名（而非批处理的文件）的动作中的"打开"命令。如果记录的动作是在打开的文件上操作的，或者动作包含它所需的特定文件的"打开"命令，则取消勾选【覆盖动作中的"打开"命令】复选框。如果选择此选项，则动作必须包含一个"打开"命令，否则源文件将不会打开。
- 包含所有子文件夹：处理指定文件夹的子目录中的文件。
- 禁止显示文件打开选项对话框：隐藏【文件打开选项】对话框。当对相机原始图像文件的动作进行批处理时，这是很有用的。将使用默认设置或以前指定的设置。
- 禁止颜色配置文件警告：关闭颜色方案信息的显示。
- 目标：选中【无】选项，使文件保持打开而不存储更改（除非动作包括"存储"命令）；选中【存储并关闭】，将文件存储在它们的当前位置，并覆盖原来的文件；选中【文件夹】选项，将处理过的文件存储到另一位置。单击【选择】按钮可以指定目标文件夹。

　　当对文件进行批处理时，可打开、关闭所有文件并存储对原文件的更改，或将修改后的文件版本存储到新的位置，原始版本保持不变。如果要将处理过的文件存储到新位置,则应该在开始批处理前先为处理过的文件创建一个新文件夹。

10.3　精确裁剪照片

　　裁剪并修齐照片命令能够在一张扫描图像文件中识别出各个图片，并旋转使它们在水平方向和垂直方向上正好对齐，然后再将它们复制到新文档中，并保持原文档不变。具体操作如下所示。

01 打开光盘中的素材，如图 10-8 所示。

图 10-8　素材

02 执行【文件】|【自动】|【裁剪并修齐照片】命令，可将图像中各个照片单独裁切下来，作为单独的文件，如图 10-9 所示。

图 10-9 裁切后的图像

10.4 Photomerge

Photomerge 命令可以将拍摄的多个照片合成为一张全景照，达到事半功倍的效果。

下面将以一个实例具体展示 Photomerge 功能的应用效果。

01 打开光盘中的文件，使用 Photomerge 命令将这三幅照片合为一张，如图 10-10 所示。

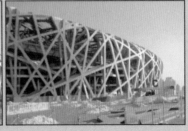

图 10-10 打开素材文件

02 执行【文件】|【自动】|Photomerge 命令，打开 Photomerge 对话框，如图 10-11 所示。

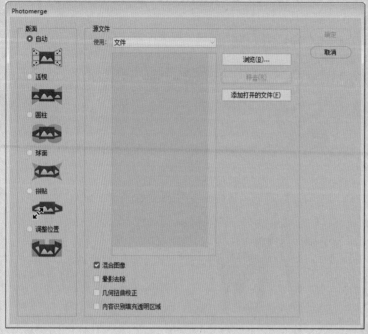

图 10-11　Photomerge 对话框

03 在 Photomerge 对话框中，单击【添加打开的文件】按钮，将打开的图像文件添加到对话框中，如图 10-12 所示。

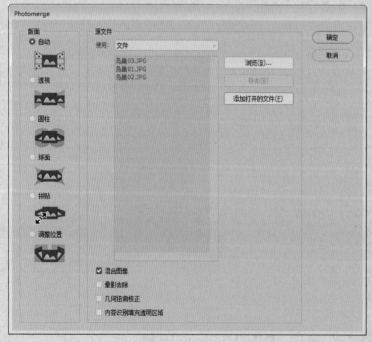

图 10-12　添加文件

04 在对话框中单击【确定】按钮，对话框自动关闭，系统会将这三张照片自动修整、拼合在一起，成为一个新的文件，如图 10-13 所示。

图 10-13　自动拼合后的图像

05 最后使用【裁剪工具】🔲对照片的构图进行裁剪，完成整个全景照片的拼合工作，如图 10-14 所示。

图 10-14　裁切照片

10.5　课堂练习——为图像添加水印

为图像添加水印是日常工作中经常会遇到的操作，下面将讲述如何利用动作调板和批处理命令来添加水印。

操作步骤：

01 启动软件，打开附带光盘 \Chapter-10\ "01.jpg" 文件，如图 10-15 所示。

02 单击【动作】调板中的【创建新动作】🔲按钮，打开【新建动作】对话框，定义动作的名称，设置完毕后单击【记录】按钮创建 "动作 1"，如图 10-16 所示。

图 10-15 素材文件

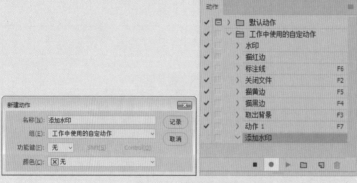

图 10-16 创建新动作

03 使用【横排文字工具】[T.]在视图中输入水印内容，效果如图 10-17 所示。

图 10-17 输入英文

04 在【图层】调板中，将文字图层的不透明度设置为 50%，效果如图 10-18 所示。

图 10-18　降低文本透明度

05 双击文本图层名称右侧的空白处，打开【图层样式】对话框，为英文添加黑色的描边效果，如图 10-19 所示。

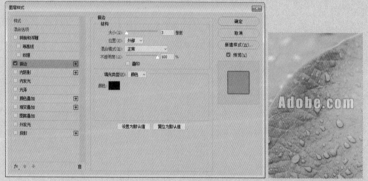

图 10-19　添加黑色描边

06 在【图层】调板中，选中"文本"和"背景"图层，选择工具箱中的【移动工具】，在其选项栏中单击【底对齐】和【右对齐】按钮，调整文本位置，效果如图 10-20 所示。

图 10-20　对齐文本

07 在【图层】调板中单击选中文本图层，按 Shift 键的同时，按向左和向上的方向键各 7 次，如图 10-21 所示。

图 10-21　移动文本

08 按 Ctrl+E 快捷键将文本图层合并到"背景"图层中，如图 10-22 所示。

09 将图像文件保存并关闭后，在【动作】调板中单击【停止播放 / 记录】■ 按钮，停止记录，如图 10-23 所示。

图 10-22　合并图层

图 10-23　停止记录

10 执行【文件】|【自动】|【批处理】命令，打开【批处理】对话框，在【组】下拉列表中选择刚录制动作所在的组；在【动作】下拉列表中选择刚录制的动作名称；单击【选择】按钮，在打开的【浏览文件夹】对话框中选择附带光盘 \Chapter-10\"素材"文件夹，如图 10-24 所示。设置完毕后单击【确定】按钮，所选文件夹中的文件会被自动打开并添加水印，之后保存并自动关闭。

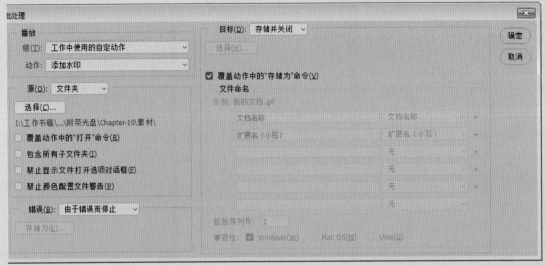

图 10-24   【批处理】对话框

10.6 强化训练

项目名称 一键填充满版式水印

项目需求

受某拍客委托为其拍摄作品批量增加满版式水印，要求水印透明度低且具有一定的识别度，用于上传网络且不被盗图，增加水印为证明本人的版权且不缺乏观赏性。

项目分析

首先需要创建动作，然后建立水印图案，利用【填充】命令填充满版水印，最后为其他图片执行批量处理，注意水印在设置时的透明度，不可颜色过深。

项目效果

项目效果如图 10-25 所示。

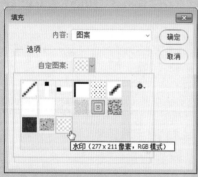
原图

效果图

图 10-25 填充满版式水印

操作提示

01 新建文档，使用文字工具输入水印内容，执行【编辑】|【图案】命令。

02 打开图片，创建动作开始录制。

03 新建图层，执行【编辑】|【填充】命令，设置图层透明度。

04 使用本章所学内容为其他图片批量添加满版水印。

CHAPTER 11
广告设计

内容导读 READING

广告设计的目的是吸引顾客的眼球，最终实现让消费者产生购买商品的行为。所以一则成功的平面广告，在画面与处理上应该具有非常强烈的视觉吸引力，色彩的科学运用、合理搭配、图片的灵活运用，这些都需要设计师积累大量的实战经验。

■ 学习目标
∨ 掌握画笔工具制作渐变背景
∨ 掌握色彩范围抠图
∨ 掌握曲线调整色调
∨ 掌握蒙版隐藏图像

制作过程展示

广告设计最终效果

11.1　制作广告背景

　　下面将介绍广告背景的制作，利用简单、基础的工具设计背景主要颜色，使用透明度、滤镜等功能，添加背景图像以及调整背景颜色与背景图像色调的统一性。

01 启动软件，执行【文件】|【新建】命令，打开【新建文档】对话框，参照如图 11-1 所示新建文档。

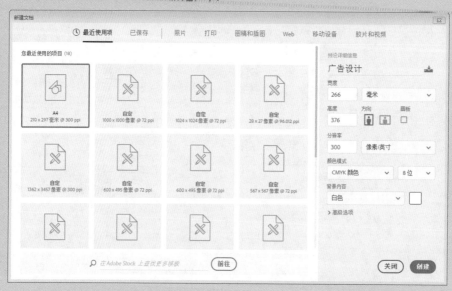

图 11-1　新建文档

02 在工具箱中单击前景色按钮，打开【拾色器（前景色）】对话框，设置颜色为湖蓝色，如图 11-2 所示。

03 按 Alt+Backspace 快捷键，使用前景色填充"背景"图层，效果如图 11-3 所示。

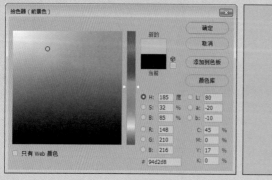

图 11-2　设置颜色

图 11-3　填充背景

04 按 Alt 键的同时单击【图层】调板中的【创建新组】 ▢ 按钮，打开【新建组】对话框，如图 11-4 所示。新建"背景"图层组。

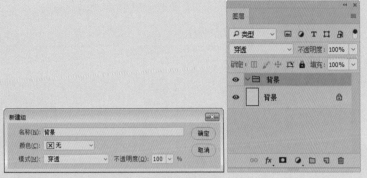

图 11-4　新建组

05 新建"图层 1"，选择工具箱中的【画笔工具】 ，设置笔刷大小，并将画笔不透明度降低，如图 11-5 所示。

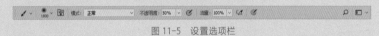

图 11-5　设置选项栏

06 单击前景色按钮，设置颜色为黄色，如图 11-6 所示。使用【画笔工具】 在视图的左下角绘制颜色，如图 11-7 所示。

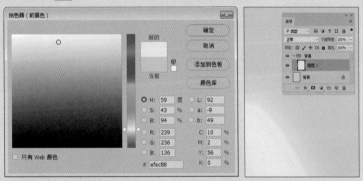

图 11-6　设置颜色　　　　　　图 11-7　绘制颜色

07 新建图层，设置前景色为白色，调整笔刷的大小，在视图的中间位置绘制颜色，效果如图 11-8 所示。

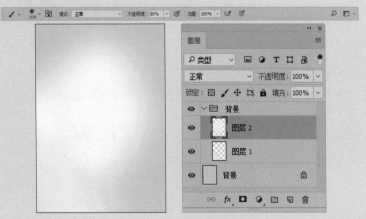

图 11-8　绘制白色图像

08 依次新建图层，继续使用【画笔工具】 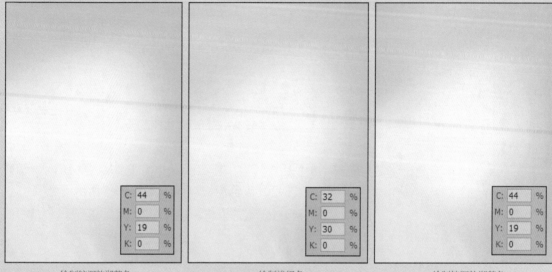 绘制湖蓝、浅绿、（深）湖蓝颜色，如图 11-9 所示。

C:	44	%
M:	0	%
Y:	19	%
K:	0	%

绘制较深的湖蓝色

C:	32	%
M:	0	%
Y:	30	%
K:	0	%

绘制浅绿色

C:	44	%
M:	0	%
Y:	19	%
K:	0	%

绘制较深的湖蓝色

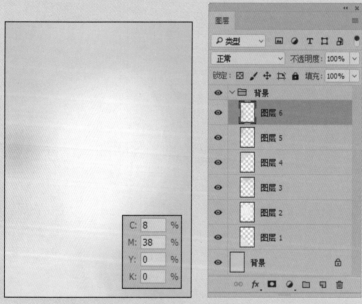

C:	8	%
M:	38	%
Y:	0	%
K:	0	%

图 11-9　绘制丰富的色彩

09 打开附带光盘 \Chapter-11\ "花朵 01.jpg" 文件，效果如图 11-10 所示。

10 执行【选择】|【色彩范围】命令，打开【色彩范围】对话框，设置对话框，将白色背景部分选中，如图 11-11 所示。

图 11-10 素材文件

图 11-11 创建选区

11 执行【选择】|【反选】命令，将选区反选，如图 11-12 所示。

12 执行【复制】命令，复制选区内的图像，单击"广告设计"文档，使用【粘贴】命令，将图像复制到该文档中，如图 11-13 所示。设置完毕后将"花朵 01.jpg"文件关闭。

图 11-12 反选选区

图 11-13 粘贴图像

13 为了便于在【图层】调板中查找对象，可将调板缩略图重新设置。单击【图层】调板右上角的 ≡ 按钮，在弹出的菜单中选择【面板选项】命令，打开【图层面板选项】对话框，参照如图 11-14 所示设置对话框，使缩略图中的图像更清晰地显示出来。

图 11-14　设置【图层】调板缩略图样式

14 执行【编辑】|【自由变换】命令，使用该命令将图像旋转并放大，效果如图 11-15 所示。

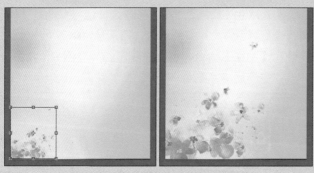

图 11-15　变换图像大小和方向

15 按住 Ctrl 键的同时单击【图层】调板中"图层 7"的缩览图，载入选区，如图 11-16 所示。

图 11-16　载入选区

16 单击【图层】调板底部的【创建新的填充或调整图层】 ◎. 按钮，在弹出的菜单中选择【曲线】命令，参照如图 11-17 所示调整图像的色调。

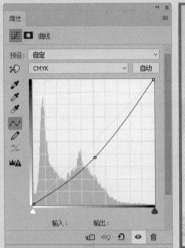

图 11-17　提亮图像色调

17 在【图层】调板中，单击【创建新图层】 ◻ 按钮，新建"图层 8"，执行【滤镜】|【渲染】|【云彩】命令，如图 11-18 所示。

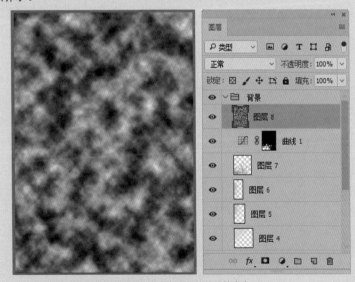

图 11-18　添加云彩渲染滤镜命令

18 在【图层】调板中，将"图层 8"的图层混合模式设置为【叠加】，效果如图 11-19 所示。

19 将图层的不透明度降低，效果如图 11-20 所示。

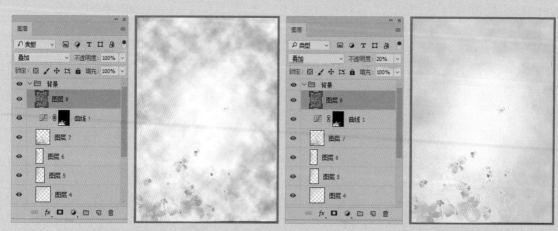

图 11-19 设置图层混合模式   图 11-20 降低图层的不透明度

20 继续选择【画笔工具】 ✏️ ，设置画笔大小为柔角 300 像素，恢复透明度为 100%，如图 11-21 所示。

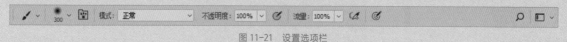

图 11-21 设置选项栏

21 在【画笔】调板中单击勾选【散布】复选框，在右侧的设置区域将【散布】参数设置为 685%，如图 11-22 所示。

22 在【画笔】调板中勾选【形状动态】复选框，将【大小抖动】参数设置为 100%，如图 11-23 所示。

图 11-22 设置【散布】选项   图 11-23 设置【形状动态】

㉓ 设置前景色为白色，新建"图层 9"，使用【画笔工具】 ✐在视图中绘制，如图 11-24 所示。

㉔ 在【图层】调板中将图层混合模式设置为【柔光】选项，如图 11-25 所示。

图 11-24　绘制颜色　　　　图 11-25　改变图层混合模式

㉕ 打开附带光盘 \Chapter-11\ "树叶 .jpg" 文件，效果如图 11-26 所示。

㉖ 选择工具箱中的【魔棒工具】✐，在白色背景上单击，将白色的背景全部选中，如图 11-27 所示。

㉗ 执行【选择】|【反选】命令，将选区反选，效果如图 11-28 所示。

㉘ 执行【复制】和【粘贴】命令，将选区中的图像复制到"广告设计"文档中，如图 11-29 所示。

图 11-26　素材文件　　　　图 11-27　创建选区　　　　图 11-28　反选选区　　　　图 11-29　粘贴图像

㉙ 使用【橡皮擦工具】✐将部分树叶图像擦除，如图 11-30 所示。

图 11-30 擦除多余的图像

30 使用【套索工具】□,在视图中绘制选区后，执行【剪切】和【粘贴】命令，分割树叶图像，如图 11-31 所示。

图 11-31 分割图像

31 使用【自由变换】命令调整图像的位置和大小，并调整图层的前后顺序，效果如图 11-32 所示。

图 11-32 变换图像

32 在【图层】调板中，将两个树叶图像所在的图层不透明度都降低为 80%，如图 11-33 所示。

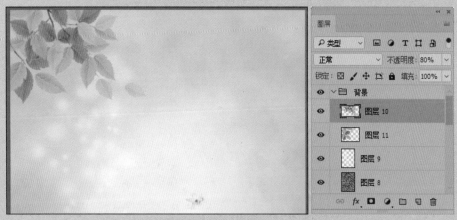

图 11-33 降低图层透明度

33 按 Ctrl+Shift 键的同时，单击"图层 10"和"图层 11"的图层缩览图，载入这两个图像所在图层选区。

34 单击【图层】调板底部的【创建新的填充或调整图层】 按钮，在弹出的菜单中选择【曲线】命令，参照如图 11-34 所示。调整图像的色调。

图 11-34 调整图像色调

35 打开附带光盘 \Chapter-11\"花朵 .psd"文件，将花朵图像移动到"广告设计"文档中，如图 11-35 所示。

图 11-35 添加素材图像

11.2 创建主体图案

下面将介绍主体图案的制作，选择符合广告主题的图案进行插入，利用图层蒙版、色相／饱和度、曲线的命令对土体进行精细的修饰。

01 背景部分的内容编辑完毕后，为方便接下来的编辑工作，将"背景"图层组折叠起来并全部锁定，新建"饮品"图层组，效果如图 11-36 所示。

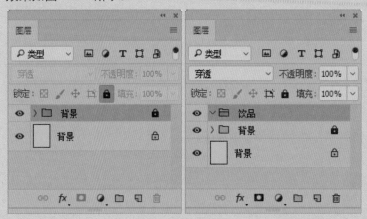

图 11-36 管理图层

02 打开附带光盘 \Capter-11\ "产品 .jpg" 文件，效果如图 11-37 所示。

图 11-37 原始文件

03 执行【图像】|【图像大小】命令，打开【图像大小】对话框，如图 11-38 所示。将图像的分辨率提高。

图 11-38　【图像大小】对话框

04 选择工具箱中的【魔棒工具】 ，参照如图 11-39 所示设置选项栏。

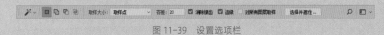

图 11-39　设置选项栏

05 执行【选择】|【反选】命令，将选区反选。

06 使用【多边形套索工具】 对选区进行修改，只选中饮料瓶图像区域，如图 11-40 所示。

07 选择【复制】和【粘贴】命令，将图像复制到"广告设计"文档中，如图 11-41 所示。

图 11-40　修改选区

图 11-41　粘贴图像

08 执行【自由变换】命令，缩小饮料图像，如图 11-42 所示。

09 在【图层】调板中单击【添加图层蒙版】 按钮，为"图

层 13"添加蒙版，使用【画笔工具】 ✎ 在饮料瓶口下方玻璃处
绘制，使其呈现半透明效果，如图 11-43 所示。

图 11-42　调整图像大小　　　　　　　　　　　图 11-43　添加图层蒙版

🔟 按 Ctrl 键的同时，单击"图层 13"的图层缩览图，载入其
选区。

⓫ 单击【图层】调板底部的【创建新的填充或调整图层】 ◑ 按钮，
在弹出的菜单中选择【色相 / 饱和度】命令，参照如图 11-44 所
示。调整图像的色调。

图 11-44　调整图像颜色

⓬ 再次单击【创建新的填充或调整图层】 ◑ 按钮，在弹出的
菜单中选择【曲线】命令，参照如图 11-45 所示。调整图像的
色调。

图 11-45　调整图像色调

13 打开附带光盘 \Chapter-11\ "花朵 03.jpg" 文档，如图 11-46
所示。

14 执行【选择】|【色彩范围】命令，参照如图 11-47 所示在【色
彩范围】对话框中设置参数。创建选区。

图 11-46　素材文件　　　　　　　图 11-47　【色彩范围】对话框

15 使用【复制】和【粘贴】命令，将图像复制到 "广告设计" 文档中，
使用【自由变换】命令放大图像，效果如图 11-48 所示。

16 在【图层】调板中，将新添加图像所在的图层移动至饮料瓶图
像的下方，如图 11-49 所示。

图 11-48　调整图像大小

图 11-49　调整图层顺序

17 打开附带光盘 \Chapter-11\ "花朵 04.jpg" 文档，如图 11-50 所示。

18 执行【选择】|【色彩范围】命令，参照如图 11-51 所示。创建选区。

图 11-50　素材文件

图 11-51　创建选区

19 执行【选择】|【反选】命令，将选区反选，效果如图 11-52 所示。

20 将图像复制到 "广告设计" 文档中，使用【自由变换】命令调整图像大小，效果如图 11-53 所示。

图 11-52 反选选区   图 11-53 变换图像

21 在【图层】调板中，将花朵所在图层的不透明度降低，效果如图 11-54 所示。

图 11-54 降低图层不透明度

22 在工具箱中选择【橡皮擦工具】 ，在视图中右击鼠标，在弹出的面板中设置硬度和笔刷大小，如图 11-55 所示。擦除花朵不需要的部分，如图 11-56 所示。

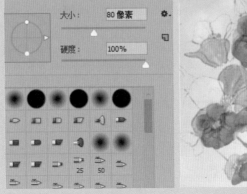

图 11-55 设置选项   图 11-56 擦除部分图像

23 载入"图层 15"的选区，为图像添加曲线调整图层色调，提亮图像的颜色，效果如图 11-57 所示。

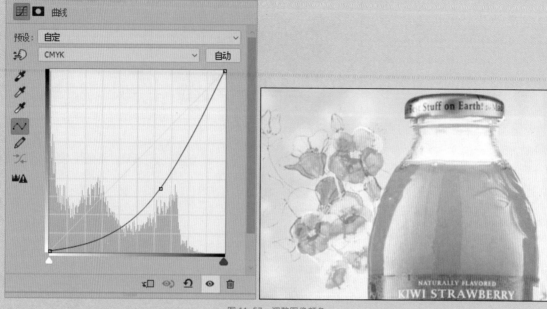

图 11-57　调整图像颜色

24 使用相同的方法，继续在饮料瓶的右下角添加相同的花朵图案，如图 11-58 所示。

图 11-58　添加花朵图案

25 打开附带光盘 \Chapter-11\"蝴蝶 .jpg"文件，如图 11-59 所示。

26 使用工具箱中的【魔棒工具】，在白色背景上单击，选中背景图像的白色区域，如图 11-60 所示。

27 执行【选择】|【反选】命令，将蝴蝶图像选中，如图 11-61 所示。

图 11-59　素材文件

图 11-60　选中背景

图 11-61　选中蝴蝶图像

28 将图像复制到"广告设计"文档中，使用【自由变换】命令调整图像大小，如图 11-62 所示。

29 使用【橡皮擦工具】　将蝴蝶图像中的树枝部分擦除掉，效果如图 11-63 所示。

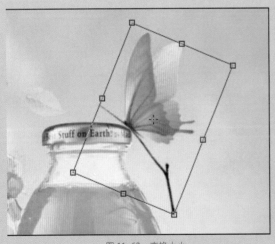

图 11-62　变换大小

图 11-63　擦除部分图像

30 在【图层】调板中，将蝴蝶图像所在图层的不透明度降低，效果如图 11-64 所示。

图 11-64 降低图层透明度

31 载入蝴蝶图像所在图层的选区，为其添加曲线调整图层，提亮图像
颜色，如图 11-65 所示。

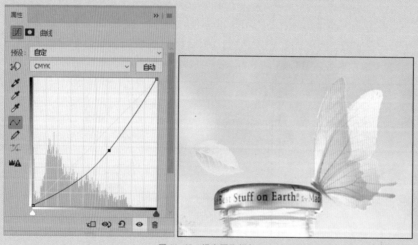

图 11-65 提亮图像颜色

11.3 制作藤蔓图像

　　下面将讲解藤蔓图像的制作，利用钢笔工具绘制藤蔓的枝干，注意藤蔓走向
要自然，使用描边调整藤蔓的粗细，适当地添加树叶和花瓣，体现藤蔓的真实感，
与主体相呼应。

01 在【路径】调板中，单击【创建新路径】 ▣ 按钮，新建"路径 1"，
如图 11-66 所示。

图 11-66　新建路径

02 使用工具箱中的【钢笔工具】 ⬚. 围绕饮料瓶绘制多条路径，如图 11-67 所示。为了便于读者查看，右图将路径放在白色的背景中。

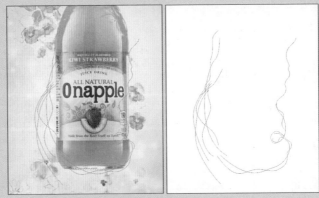

图 11-67　绘制路径

03 在【图层】调板中，将"饮品"图层组折叠起来并锁定，如图 11-68 所示。

图 11-68　折叠并锁定图层

04 按住键盘上 Alt 键同时单击【创建新组】 □ 按钮，打开【新建组】对话框，参照如图 11-69 所示。新建图层组。

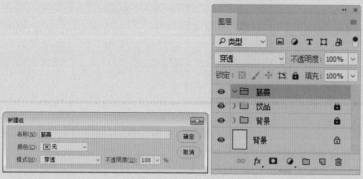

图 11-69　新建图层组

05 在【图层】调板中，继续新建图层组并重新命名，如图 11-70 所示。

图 11-70　新建"枝条"图层组

06 在【图层】调板中，拖动"枝条"图层组到"藤蔓"图层组中，如图 11-71 左图所示。然后新建图层。

图 11-71　编辑图层

07 选择工具箱中的【画笔工具】 ✐，设置画笔大小为 25 像素，并将前景色设置为黑色，如图 11-72 所示。

08 选择工具箱中的【路径选择工具】 ▶，选中如图 11-73 所示的路径后，在视图中右击鼠标，在弹出的菜单中选择【描边子路径】命令，打开【描边子路径】对话框，如图 11-74 所示。

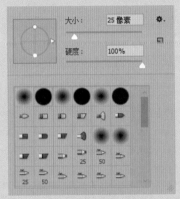

图 11-72　设置画笔选项

图 11-73　选中路径

图 11-74　【描边子路径】对话框

09 描边后的效果如图 11-75 左图所示，使用【路径选择工具】 ▶ 选中饮料瓶右侧的路径，如图 11-75 右图所示。

图 11-75　选中路径

10 新建图层，选择【画笔工具】 ✐，打开【画笔】面板，参照图 11-76 所示设置画笔大小。

⑪ 选择【路径选择工具】 ▶ ，在视图中右击鼠标，在弹出的菜单中选择【描边子路径】命令，打开【描边子路径】对话框，勾选【模拟压力】复选框，如图 11-77 所示。单击【确定】按钮，为路径添加描边效果。

图 11-76　设置画笔大小

图 11-77　描边路径

⑫ 此时的图像效果如图 11-78 左图所示。使用相同的方法，新建图层，为路径添加描边效果，得到如图 11-78 右图所示的效果。

图 11-78　为路径添加描边效果

⑬ 为如图 11-79 所示的枝条图层添加蒙版，并将部分图像遮住，露出饮料瓶图像。

图 11-79　遮住部分图像

14 将"枝条"图层组折叠起来，新建"叶子"图层组，效果如图 11-80 所示。

图 11-80　编辑图层组

15 打开附带光盘 \Chapter-11\"树叶 .jpg"文档，如图 11-81 所示。

16 使用【快速选择工具】选中一片树叶图像，如图 11-82 所示。

图 11-81　素材文件　　　　　图 11-82　创建选区

17 执行【图像】|【调整】|【曲线】命令，使用该命令调整图像亮度，如图 11-83 所示。

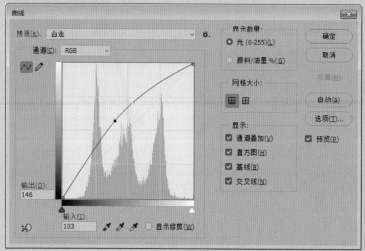

图 11-83　调整图像亮度

18 将树叶图像复制到"广告设计"文档中，使用【自由变换】命令调整图像的位置和旋转方向，如图 11-84 所示。

图 11-84　变换图像位置

19 将树叶图像复制，使用【自由变换】命令调整图像大小，创建出枝条上的树叶效果，如图 11-85 所示。

20 在【图层】调板中，将"叶子"图层组折叠起来，再新建"花朵"图层组，效果如图 11-86 所示。

图 11-85 复制树叶图像

图 11-86 管理图层组

21 打开附带光盘 \Chapter-11\ "花朵 02.jpg" 文件，效果如图 11-87 所示。

22 使用工具箱中的【快速选择工具】 创建右侧的花朵图像的选区，如图 11-88 所示。

图 11-87 源文件

图 11-88 创建选区

23 将花朵图像复制到"广告设计"文档中并调整其位置与大小，效果如图 11-89 所示。

图 11-89　添加花朵图像

24 将花朵图像复制，使用【自由变换】命令使其缩小并向下移动，如图 11-90 示。

图 11-90　复制图像

25 继续复制花朵图像，并调整其大小，移动其位置，得到如图 11-91 所示的图像效果。

图 11-91　复制花朵图像

26 如图 11-92 所示，使用【色相/饱和度】命令调整花朵图像的颜色。

图 11-92　调整花朵颜色

11.4　添加相关广告信息

　　广告设计主要是用于传播一定的信息量，有些重要的文字信息必须要添加，下面将讲解如何添加相关广告信息，主要利用文字工具添加产品信息，注意文字大小要适中。

01 打开附带光盘 \Chapter-11\ "草莓 02.jpg" 文件，打开效果如图 11-93 所示。

图 11-93　原始文件

02 使用工具箱中的【快速选择工具】 选中白色背景，效果如图 11-94 所示。

03 在【图层】调板中，将 "藤蔓" 图层组折叠起来，再新建 "相关信息" 图层组，如图 11-95 所示。

图 11-94　创建选区

图 11-95　编辑图层组

04 执行【选择】|【反选】命令，将选区反选，并将草莓图像复制到"广告设计"文档中，使用【自由变换】命令调整图像大小，如图 11-96 所示。

05 最后在画面中添加相关信息，完成该实例的制作，效果如图 11-97 所示。

图 11-96　添加草莓图像

图 11-97　完成效果

CHAPTER 12
包装设计

内容导读 READING

包装是品牌理念、产品特性、消费心理的综合反映，是建立产品与消费者亲和力的有力手段。包装作为实现商品价值和使用价值的手段，在生产、流通、销售和消费领域中，发挥着极其重要的作用。包装设计是一门特别有意思的学科，它将平面艺术设计延伸到立体三维的层面。一幅好的包装设计作品，可以拉近与消费者的距离，让其产生购买的欲望。

■ 学习目标
∨ 掌握包装的模切板制作过程
∨ 掌握图案填充的使用
∨ 掌握图像的自由变换
∨ 掌握【扩展】命令创建选区

奶茶包装设计效果

奶茶小包装设计效果

12.1　制作奶茶外包装的模切版

　　在制作奶茶外包装之前，需要先制作包装的模切版，下面将讲解如何使用绘制图形的基本工具制作包装的模切板。

01 启动 Photoshop 软件，执行【文件】|【新建】命令，打开【新建】对话框，新建文档，如图 12-1 所示。

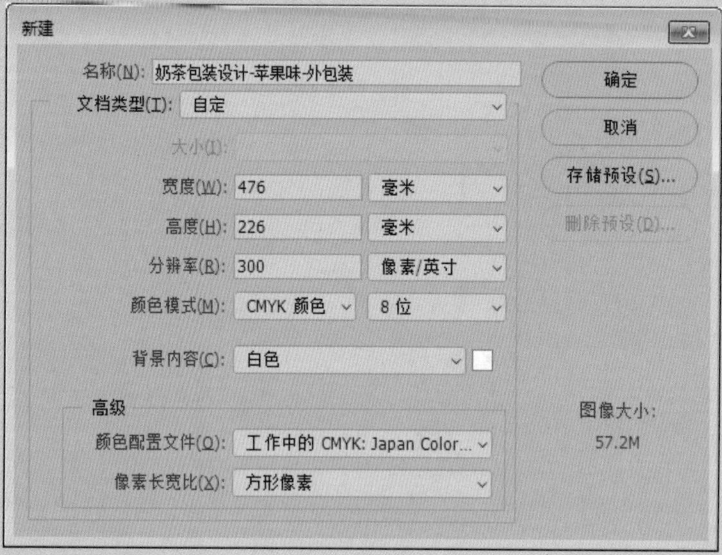

提示一下

　　执行【编辑】|【首选项】|【常规】命令，打开【首选项】对话框，如图 12-2 所示。选中【使用旧版"新建文档"界面】复选框。若电脑配置不高，可切换回老版的新建文档设置界面，该对话框的打开速度比新版的快，可提高工作效率。

图 12-1　新建文档

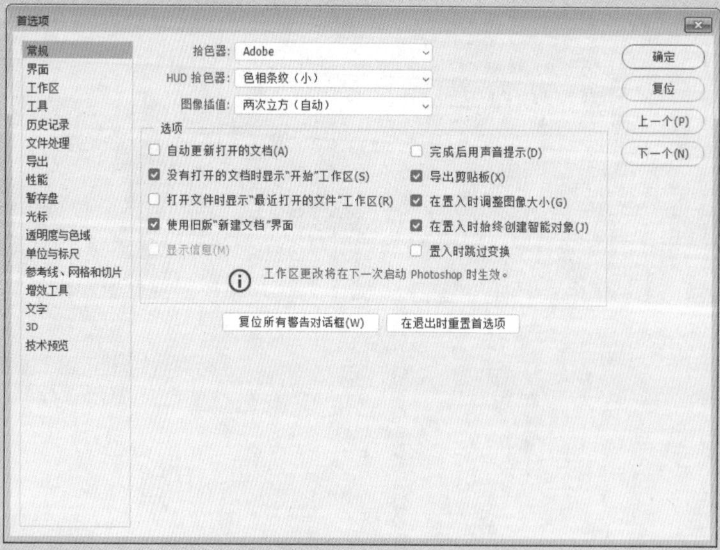

图 12-2　设置首选项

02 该包装盒的尺寸为 150mm（长）×110mm（高）×80mm（宽）。执行【视图】|【标尺】命令，打开标尺，效果如图 12-3 所示。

图 12-3 显示标尺

03 在距离页面四周 3mm 的位置，拖曳出参考线，作为出血线的位置，如图 12-4 所示。从标尺栏位置单击向视图内拖动鼠标，即可拉出参考线。

图 12-4 设置出血线位置

04 从左侧垂直标尺处向右拖曳出参考线，分别在垂直位置 13mm、93mm、243mm、323mm 处设置参考线，如图 12-5 所示。

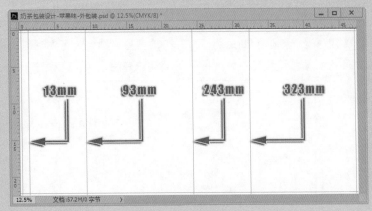

图 12-5 设置参考线

05 继续在水平标尺处拖曳出参考线，如图 12-6 所示。

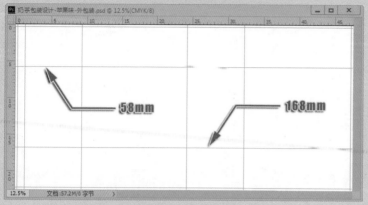

图 12-6　设置水平参考线

06 确保菜单中【视图】|【对齐】命令为选中状态，以及【视图】|【对齐到】|【参考线】命令为选中状态。

07 选择工具箱中的【矩形工具】□，设置其选项栏工具模式为【形状】，如图 12-7 所示。

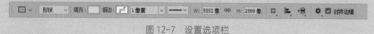

图 12-7　设置选项栏

08 使用【矩形工具】□ 在视图中沿参考线绘制矩形，如图 12-8 所示。

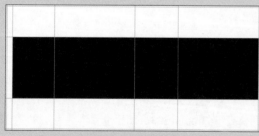

图 12-8　绘制矩形

09 双击形状图层的缩览图，打开【拾色器（纯色）】对话框，将形状的颜色设置为灰色，便于后期编辑查看，如图 12-9 所示。

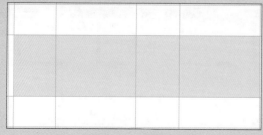

图 12-9　调整颜色

10 为了便于后期编辑包装盒的边缘，按 Ctrl+R 快捷键，隐藏标尺栏，执行【编辑】|【首选项】|【工具】命令，打开【首选项】对话框，选中【过界】复选框，如图 12-10 所示。

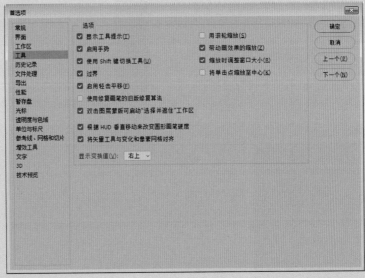

图 12-10　设置首选项

11 按空格键的同时，单击并拖动鼠标，将文档页面向右侧移动，使用【矩形工具】□.在视图中绘制矩形，如图 12-11 所示。

图 12-11　绘制矩形

12 使用【直接选择工具】▷.拖动选中左上角的锚点，按 Shift 键的同时，按向下的方向键，此时会弹出提示对话框，如图 12-12 所示进行设置，并将该对话框关闭。按住 Shift 键的同时连续按向下的方向键 4 次，将锚点向下移动 50 像素的距离，如图 12-13 所示。

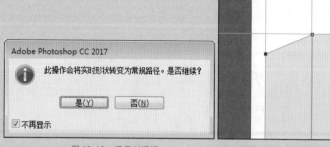

图 12-12 提示对话框   图 12-13 移动锚点位置

13 使用相同的方法,移动左下角的锚点位置,如图 12-14 所示。

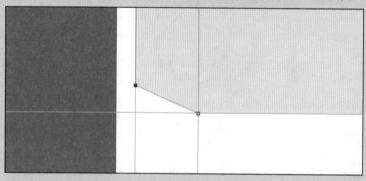

图 12-14 调整形状外观

14 选择【矩形工具】 □.,在视图中单击打开【创建矩形】对话框,参照该图所示设置参数,如图 12-15 左图所示。单击【确定】按钮,将对话框关闭,创建出矩形,并使用【路径选择工具】 ▶.移动形状的位置,如图 12-15 右图所示。

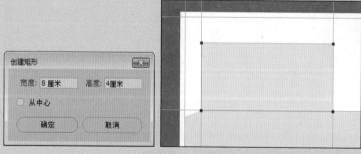

图 12-15 绘制矩形

15 使用工具箱中的【椭圆工具】 ○.在视图中单击,创建圆形形状,如图 12-16 所示。

16 为了便于查看,重新设置其颜色,使其颜色加深,如图 12-17 所示。

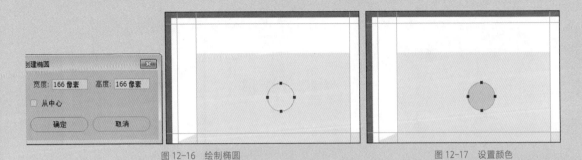

图 12-16　绘制椭圆　　　　　　　　　　　　　　　　　　　　图 12-17　设置颜色

17 使用【路径选择工具】 ，移动形状至上方矩形左上角处，
如图 12-18 所示。

18 按 Shift 键的同时，按向右方向键 5 次，精确移动形状的位置，
如图 12-19 所示。

19 按 Alt 键的同时，使用【路径选择工具】 拖动圆形形状，
将其复制并移动到矩形形状的右上角，如图 12-20 所示。

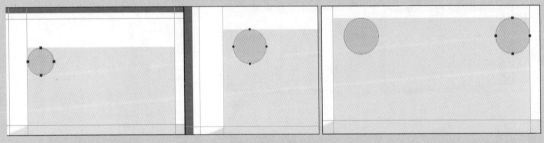

图 12-18　移动形状位置　　　　图 12-19　精确移动形状位置　　　　图 12-20　复制形状

20 使用相同的方法，将右侧的圆形形状向左移动 50 像素的距
离，如图 12-21 所示。

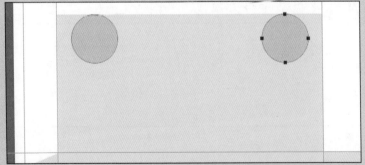

图 12-21　移动位置

21 打开标尺，拖曳出参考线，为接下来编辑盒盖形状做准备
如图 12-22 所示。

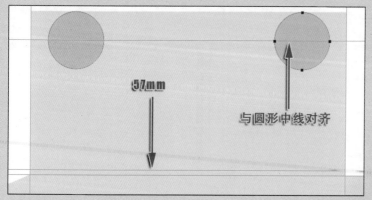

图 12-22　绘制参考线

22 在【图层】调板中，选中"形状 3"图层，使用【路径选择工具】单击矩形形状，显示锚点，使用【钢笔工具】在参考线的交汇处添加锚点，按 Alt 键单击添加的锚点，使其变为尖突锚点，如图 12-23 所示。

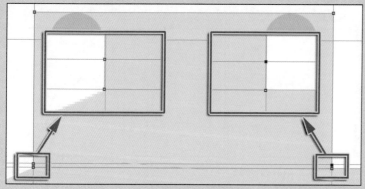

图 12-23　添加锚点

23 继续使用【钢笔工具】在矩形中添加锚点，并将锚点设置为尖突锚点，如图 12-24 所示。

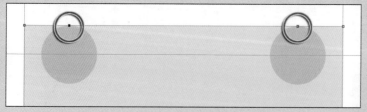

图 12-24　添加尖突锚点

24 使用【直接选择工具】选择矩形左上角和左侧中间的锚点，按向右的方向键 5 次，将锚点向右移动 5 像素。然后选中左上角的锚点，水平向右移动，使路径段与圆形形状相切，效果如图 12-25 所示。

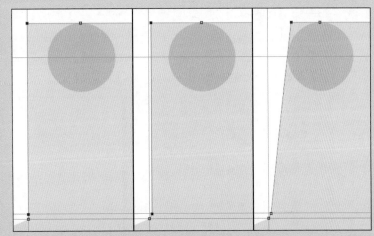

图 12-25　编辑锚点

25 继续移动锚点的位置，使锚点所处的位置为圆与不规则形状平滑相切的位置，如图 12-26 所示。

26 按 Ctrl+V 键，将当前工具切换为【移动工具】 ✛，使用该工具将参考线向上移至锚点所处的位置，如图 12-27 所示。

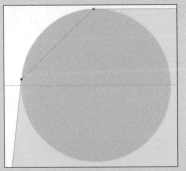

图 12-26　调整锚点位置

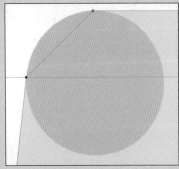

图 12-27　调整参考线位置

27 使用相同的方法对另一侧的路径进行编辑，最后移动右上角的锚点时，使其与参考线对齐，如图 12-28 所示。

图 12-28　编辑路径

28 将新增加的两根参考线拖动至标尺处删除。在【图层】调板中，选中"椭圆 1"和"矩形 3"两个图层，执行【图层】|【合并形状】命令，将其合并并将该形状的颜色更改为与其他形状相同的灰色，如图 12-29 所示。

图 12-29　编辑形状

29 使用相同的方法，将包装盒的其他盒盖部分绘制完成，如图 12-30 所示。

图 12-30　包装盒展开图

30 使用【直线工具】 参照包装盒右上角的插口形状绘制直线，如图 12-31 所示。

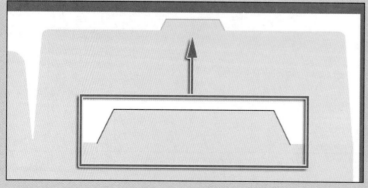

图 12-31　绘制直线

31 在水平标尺 57mm 的位置添加参考线，使用【自由变换】命令将上一步绘制的形状放大一些，其将作为包装盒右侧顶端盒盖上插口对应的插入位置，如图 12-32 所示。

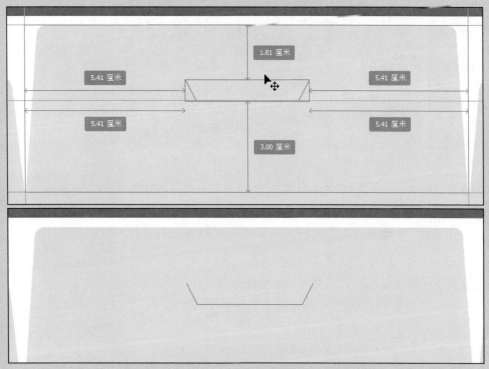

图 12-32　插口对应的插入口

32 在【图层】调板中，除上一步刚编辑的形状图层外，其他图层全部选中，执行【图层】|【合并形状】命令，将形状合并，如图 12-33 所示。

图 12-33　合并图层

33 选择【钢笔工具】 ，设置选项栏中的工具模式为【形状】选项，并取消形状的颜色填充，设置【描边】为黑色，如图 12-34 所示。

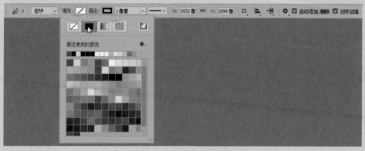

图 12-34　设置形状颜色

34 继续在选项栏中将【设置形状描边宽度】参数设置为 3 像素，如图 12-35 所示。

图 12-35　设置描边的宽度

35 使用【钢笔工具】 绘制路径为 C 字型的形状，作为包装的压痕线，如图 12-36 所示。为了便于读者查看该形状的路径走势，其下图只显示了路径。

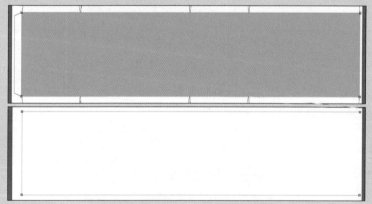

图 12-36　绘制压痕线

36 在【钢笔工具】 选项栏中设置【填充】和【描边】选项，并将描边的宽度设置为 3 像素。使用相同的方法，绘制出包装盒中三处竖直的压痕线，效果如图 12-37 所示。将文件以 psd 格式保存。

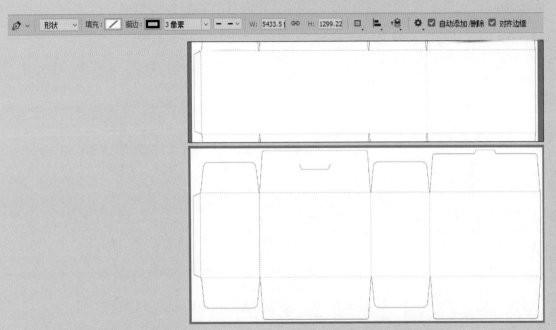

图 12-37　设置压痕线

12.2　制作奶茶外包装盒展开效果图

下面将讲解如何制作奶茶外包装盒展开效果图，注意包装宣传的产品要一目了然，包装使用的主要颜色要与产品相互统一，产品包装上主要包含的一些信息不可以缺失。

01 在【图层】调板中新建"模切版"图层组，将除"背景"图层以外的所有图层放入其中，效果如图 12-38 所示。

图 12-38　设置图层组

02 按 Ctrl+Alt 键，单击【图层】调板底部的【创建新组】□ 按钮，在"模切版"图层组的下面新建图层组，如图 12-39 所示。

图 12-39 新建图层组

03 使用【矩形选框工具】□ 在视图中绘制选区，如图 12-40 所示。

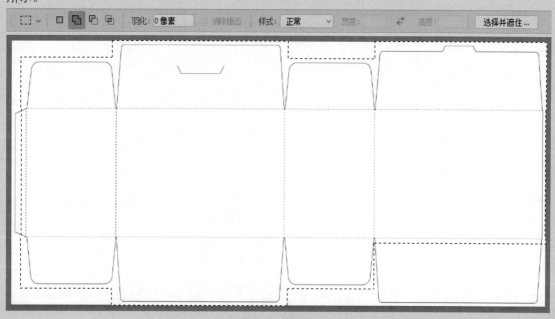

图 12-40 绘制选区

04 设置前景色为绿色，新建图层并填充颜色，效果如图 12-41 所示。

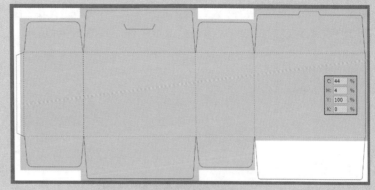

图 12-41　填充颜色

05 新建图层，设置前景色为果绿色，使用【画笔工具】 ✏️ 绘制颜色，效果如图 12-42 所示。

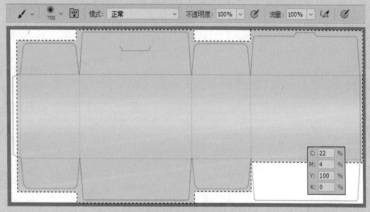

图 12-42　绘制颜色

06 单击【图层】调板底部的【创建新的填充或调整图层】 ⦿ 按钮，在弹出的菜单中选择【图案】命令，打开【图案填充】对话框，添加图案填充图层，如图 12-43 所示。

图 12-43　添加图案填充

07 设置填充图层的混合模式为【正片叠底】，图层不透明度为 10%，为包装盒添加一层淡淡的点状纹理，如图 12-44 所示。

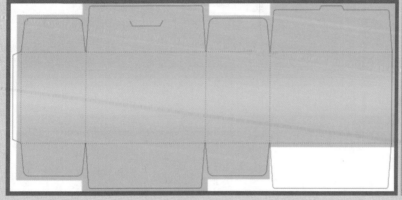

图 12-44　设置图层属性

08 新建"文字内容"和"正面"图层组，将"正面"图层组放入到"文字内容"图层组中，如图 12-45 所示。

图 12-45　设置图层组

09 打开附带光盘 \Chapter-12\ "牛奶 .jpg" 文件，效果如图 12-46 所示。

图 12-46　原始文件

⑩ 执行【图像】|【图像大小】命令，在打开的【图像大小】对话框中设置其参数，如图 12-47 所示调整其大小。

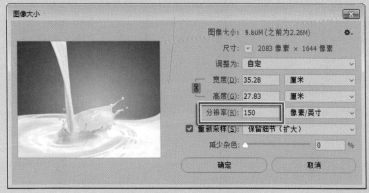

图 12-47　调整图像大小

⑪ 执行【滤镜】|【模糊】|【表面模糊】命令，打开【表面模糊】对话框，为图像添加滤镜效果，如图 12-48 所示。

⑫ 使用工具箱中的【魔棒工具】🖋在蓝色背景上单击，将背景选中，将选区反选后选中白色的牛奶图像，如图 12-49 所示。

图 12-48　添加滤镜效果

图 12-49　创建选区

⑬ 将牛奶图像复制到奶茶包装的文档中，使用【自由变换】命令调整图像大小，如图 12-50 所示。

⑭ 选择工具箱中的【矩形选框工具】▭绘制选区，如图 12-51 所示。

⑮ 按 Delete 键，将选区内的图像删除，并将选区移动至图像右侧，使用【自由变换】命令将带选区的图像水平拉伸，如图 12-52 所示。

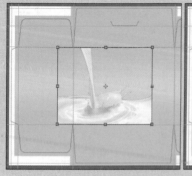
图 12-50 添加牛奶图像

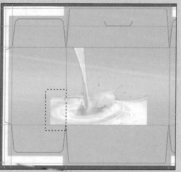
图 12-51 绘制选区

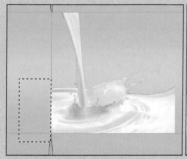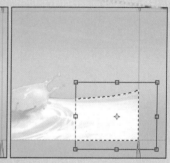
图 12-52 编辑图像

16 取消选区，按 Ctrl 键的同时，单击【图层】调板中"图层 3"的缩览图，将其选区载入，如图 12-53 左图所示。

17 单击【图层】调板底部的【创建新的填充或调整图层】 按钮，在弹出的菜单中选择【照片滤镜】命令，在【属性】调板中设置相关参数，调整图像颜色，如图 12-53 右图所示。

图 12-53 调整颜色

18 打开附带光盘 \Chapter-12\ "苹果 .jpg" 文件，效果如图 12-54 所示。

19 选择【钢笔工具】，设置选项栏中的工具模式为【路径】选项，沿苹果外轮廓绘制路径，如图 12-55 所示。

图 12-54　原始文件

图 12-55　绘制路径

20 按 Enter+Ctrl 快捷键，将路径转换为选区，将苹果图像拷贝到奶茶包装文档中，使用【自由变换】命令调整图像大小，如图 12-56 所示。

图 12-56　调整图像大小

21 使用工具箱中的【横排文字工具】 T.在视图中分别输入黄色和红色的两组文本，如图 12-57 所示。

图 12-57　添加文字

22 分别使用【自由变换】命令，配合键盘上的 Ctrl 键，对文本进行变换操作，效果如图 12-58 所示。

23 双击"我是苹果"图层名称右侧的空白处，在打开的【图层样式】对话框中，为文本添加暗红色的描边效果，如图 12-59 所示。

图 12-58 变换文本

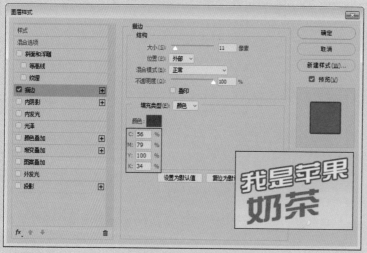

图 12-59 添加描边效果

24 使用相同的方法为"奶茶"文本图层添加白色的描边效果，效果如图 12-60 所示。

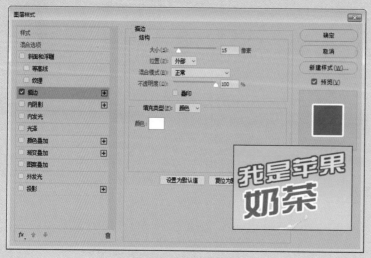

图 12-60 添加白色的描边效果

25 按 Ctrl 键的同时，单击"我是苹果"图层的缩览图，将其选区载入，执行【选择】|【修改】|【扩展】命令，打开【扩展选区】对话框，设置其参数，将选区扩展，如图 12-61 所示。

图 12-61　扩展选区

26 在【图层】调板中，单击"图层 4"后，单击【创建新的填充或调整图层】 ◎ 按钮，在弹出的菜单中选择【纯色】命令，添加绿色的颜色填充图层，如图 12-62 所示。

图 12-62　添加颜色填充图层

27 使用相同的方法，载入"奶茶"图层的选区，继续添加相同颜色的填充图层，如图 12-63 所示。

图 12-63　添加绿色的颜色填充图层

28 为刚添加的两个颜色填充图层添加相同的投影效果，如图 12-64 所示。

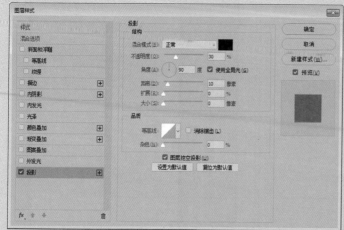

图 12-64　添加投影效果

29 使用【钢笔工具】 在文字处绘制黄色的倾斜形状，如图 12-65 所示。

图 12-65　绘制形状

30 在【图层】调板中，将新绘制的黄色形状移动到牛奶图像的下方，如图 12-66 所示。

图 12-66　调整图层顺序

31 为"形状 4"添加图层蒙版，使用【画笔工具】 在黄色形状右侧绘制，将部分形状遮盖住，如图 12-67 所示。

图 12-67　编辑蒙版

32 将光盘文件中的"标徽.psd"文件打开，并移动至"包装设计"文档中，为包装添加相关的信息，效果如图 12-68 所示。

图 12-68　添加相关的包装信息

33 将"正面"图层组复制，执行【图层】|【合并组】命令，将复制的图层组合并。

34 将合并后的图层向右侧移动，使用【矩形选框工具】绘制选区，将标徽图形的上半部分删除，如图 12-69 所示。

图 12-69 调整图像位置

35 新建"侧面"图层组，继续添加和产品相关的信息。其中文本类的内容添加这里不再赘述，读者可参考光盘里的完成效果进行编辑，图标类的图像也可以在附带光盘中找到。此时的图像效果如图 12-70 所示。

图 12-70 添加侧面内容

12.3 制作奶茶小袋包装展开效果图

下面将讲解如何制作奶茶小袋包装展开效果图，小包装比外包装的传递信息内容要少一些，并且要与外包装相互呼应，设计风格要统一。

01 该奶茶小袋包装的尺寸是 7mm（宽）×10mm（高），在 Photoshop 中要创建的尺寸为 146mm（宽）×106mm（高），这是包含出血范围的尺寸。执行【文件】|【新建】命令，新建文档，如图 12-71 所示。

新建			
名称(N)：	奶茶包装设计-苹果味-小袋包装		确定
文档类型(T)：	自定		取消
大小(I)：			存储预设(S)...
宽度(W)：	146	毫米	删除预设(D)...
高度(H)：	106	毫米	
分辨率(R)：	300	像素/英寸	
颜色模式(M)：	CMYK 颜色	8 位	
背景内容(C)：	白色		
高级			图像大小：
颜色配置文件(O)：	工作中的 CMYK: Japan Color...		8.23M
像素长宽比(X)：	方形像素		

图 12-71 新建文档

02 打开标尺，在视图的四周离边缘 3mm 的位置拖曳出参考线，作为出血线位置，在视图的中间拖曳出垂直参考线，如图 12-72 所示。

图 12-72 拖曳出参考线

03 设置前景色为绿色，并在"背景"图层中填充绿色，如图 12-73 所示。

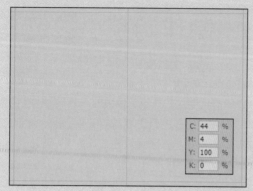

图 12-73 填充绿色

04 使用【矩形工具】□沿出血线位置绘制矩形，并参照图中所示的选项设置调整矩形颜色填充，为其添加黑色描边，如图 12-74 所示。

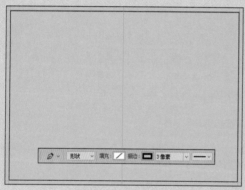

图 12-74 绘制黑色描边的形状

05 将"形状 1"图层名称改为"模切版"后，将图层锁定，并单击"背景"图层，接下来创建的图层都将在"模切版"图层之下，效果如图 12-75 所示。

图 12-75 编辑图层

06 在奶茶外包装设计文档中,按住 Shift 键同时选中"图层 2"和"图案填充 1"图层,并拖动其至新建文档中,将图层复制,如图 12-76 所示。

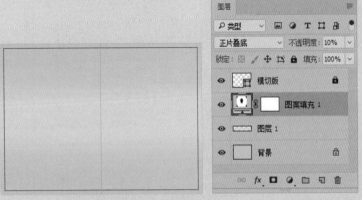

图 12-76　复制图层

07 继续将外包装文档中的文件复制到小袋包装文档中,如图 12-77 所示。

08 使用【移动工具】 ⊕.调整图像的位置,如图 12-78 所示。

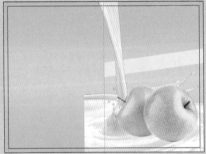

图 12-77　复制文件　　　　　　　　　　　　　　　图 12-78　调整图像位置

09 使用【自由变换】命令将苹果图像缩小,使用选区将位于中心线以左的牛奶图像清除,以及"照片滤镜 1"图层中超出的蒙版部分,使用黑色覆盖,效果如图 12-79 所示。

图 12-79　调整图像

10 继续将其他产品信息复制到小袋包装文档中，调整位置和大小，将文件以 PSD 格式保存，如图 12-80 所示。

图 12-80　复制其他信息

12.4　制作其他口味的奶茶包装效果

下面将介绍如何制作香橙、葡萄口味的奶茶包装效果，主要改变包装颜色即可，不同的颜色搭配不同的口味。

01 在"奶茶包装设计 - 苹果味 - 外包装"文件标题栏右击，在弹出的菜单中选择【复制】命令，打开【复制图像】对话框，将文件复制，如图 12-81 所示。

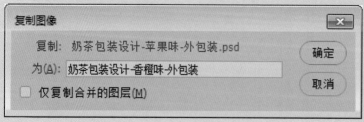

图 12-81　复制图像

02 在复制的文件中，将背景色换为橙色，并将原有文字和苹果图像去除，替换文本为香橙、苹果为橙子图像，如图 12-82 所示。

图 12-82　制作香橙味包装

03 使用相同的方法，将小袋包装复制，并替换为香橙口味的内容，如图 12-83 所示。

图 12-83　复制文件并替换内容

04 继续复制文件，创建出葡萄口味的包装设计，效果如图 12-84 所示。

图 12-84　制作葡萄口味的包装

CHAPTER 13
宣传册设计

内容导读 READING

企业宣传册是以纸质材料为直接载体，以企业文化、企业产品为传播内容，是企业对外最直接、最形象、最有效的宣传形式。宣传册作为企业宣传不可缺少的资料，能很好地结合企业特点，清晰表达宣传册中的内容，快速传达宣传册中的信息，是宣传册设计的重点。

■ 学习目标
　掌握【色相/饱和度】命令
　掌握套索工具移动图像
　掌握图层蒙版隐藏图像
　掌握色阶调整图像色调

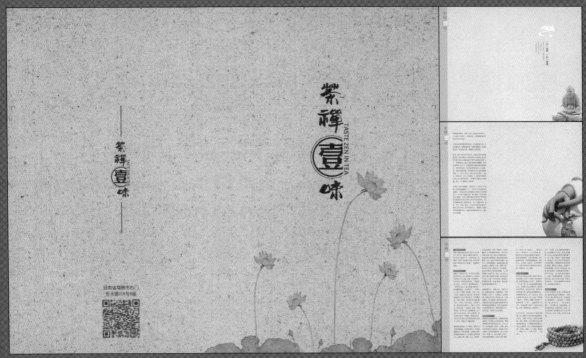

宣传册页面效果

13.1 制作宣传册封面

宣传册的封面设计尤其重要，宣传册的封面展现的是企业的文化、企业的精神等，使用具有纹理的背景、书法文字、古典画的搭配，体现茶坊的传统风韵。

01 启动软件，创建新文档。制作画册尺寸为 32 开：136mm（宽）×210mm（高），首先要制作的是画册的封面和封底，加上出血的尺寸为 278mm（宽）×216mm（高），如图 13-1 所示。

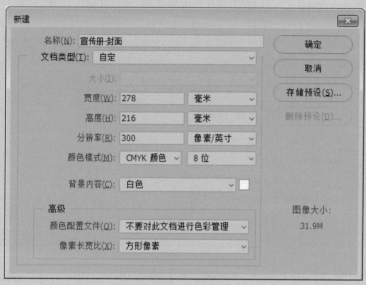

图 13-1 新建文档

02 执行【视图】|【标尺】命令，打开标尺，在视图上下左右距边界 3mm 的位置添加参考线，并在视图的中间垂直位置添加参考线，如图 13-2 所示。

图 13-2 添加参考线

03 打开附带光盘 /Chapter-13/ "纤维纹理 .jpg" 文件，效果如图 13-3 所示。

04 执行【图像】|【图像旋转】|【顺时针 90 度】命令，将图像旋转，如图 13-4 所示。

图 13-3　素材文件　　　　　　　　　图 13-4　旋转图像

05 执行【图像】|【图像大小】命令，打开【图像大小】对话框，将图像放大，如图 13-5 所示。

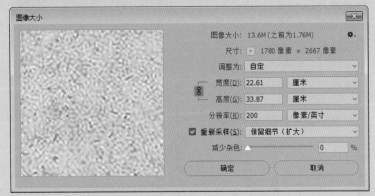

图 13-5　放大图像

06 选择工具箱中的【移动工具】⊕，在 "纤维纹理 .jpg" 文件中单击并拖动图像，移动鼠标至封面文件中后松开，复制纹理图像，如图 13-6 所示。

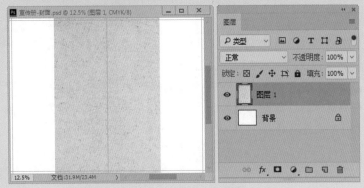

图 13-6　添加的纹理图像

07 执行【编辑】|【自由变换】命令，调整图像大小，如图13-7 所示。

08 在【图层】调板中，拖动"图层1"到【创建新图层】 □ 按钮处松开鼠标，复制图层，如图13-8 所示。

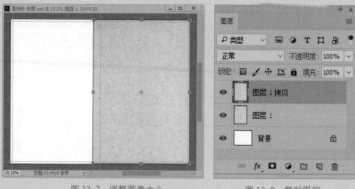

图 13-7　调整图像大小　　　　　　　　图 13-8　复制图层

09 继续执行【自由变换】命令，在页面中右击鼠标，在弹出的菜单中选择【水平翻转】命令，将图像水平翻转并移动至页面左侧，如图13-9 所示。

10 在【图层】调板中单击【添加图层蒙版】 □ 按钮，为"图层1拷贝"图添加图层蒙版，如图13-10 所示。

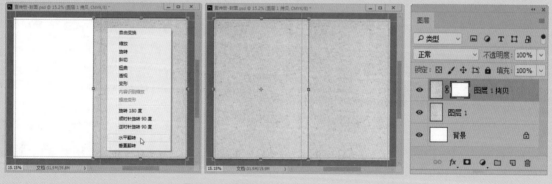

图 13-9　变换图像　　　　　　　　　　图 13-10　添加图层蒙版

11 选择工具箱中的【画笔工具】 ✐ ，在页面中右击，在打开的面板中设置画笔选项，如图13-11 所示。

12 使用【画笔工具】 ✐ 沿纹理右侧绘制，使其与底层的纹理融合在一起，如图13-12 所示。为了便于读者观察，该图将"图层1"暂时隐藏。

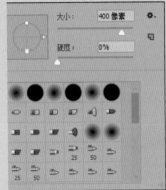

图 13-11　设置画笔选项

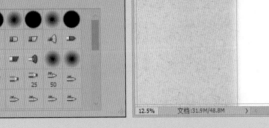

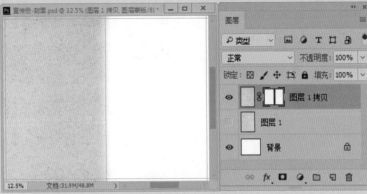

图 13-12　编辑蒙版

13 在【图层】调板中单击【创建新的填充或调整图层】 按钮，在弹出的菜单中选择【图案】命令，打开【图案填充】对话框，为图像添加纹理，如图 13-13 所示。

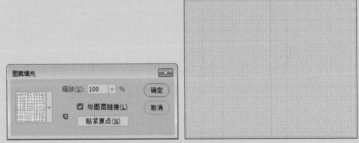

图 13-13　添加纹理图像

14 在【图层】调板中，设置图层混合模式为【正片叠底】，效果如图 13-14 所示。

图 13-14　设置图层混合模式

15 将图层的不透明度设置为 20%，降低其透明度，如图 13-15 所示。

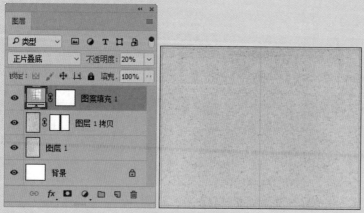

图 13-15　降低图层透明度

16 在【图层】调板中单击【创建新的填充或调整图层】 ◎ 按钮，在弹出的菜单中选择【色相/饱和度】命令，在打开的【属性】调板中设置参数，调整图像颜色，如图 13-16 所示。

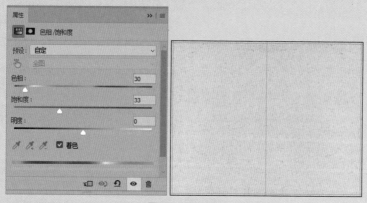

图 13-16 调整颜色

17 再次单击【创建新的填充或调整图层】 ◎ 按钮，在弹出的菜单中选择【色阶】命令，在【属性】调板中设置参数，如图 13-17 所示调整图像颜色。

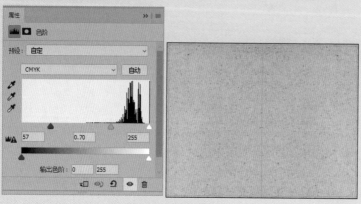

图 13-17　改变图像颜色

18 保持"色阶 1"图层为选中状态，按下键盘上 Shift 键的同时单击"图层 1"，将除"背景"图层以外的图层全部选中，按下 Alt 键单击【创建新组】□按钮，打开【从图层新建组】对话框，创建"背景"图层组，如图 13-18 所示。

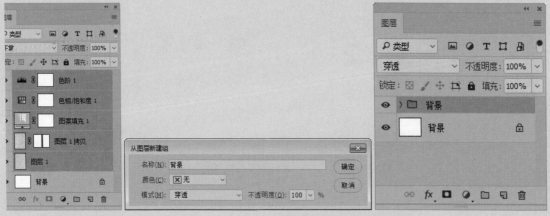

图 13-18　创建图层组

19 打开附带光盘 /Chapter-13/ "书法 .jpg" 文件，效果如图 13-19 所示。

图 13-19　素材文件

20 执行【选择】|【色彩范围】命令，打开【色彩范围】对话框，将黑色的文字图像选中，如图 13-20 所示。

图 13-20　创建选区

21 执行【复制】和【粘贴】命令，将文字图像复制到宣传册封面文件中，如图 13-21 所示。

22 执行【编辑】|【自由变换】命令，将图像缩小，效果如图 13-22 所示。

图 13-21　添加文字图像

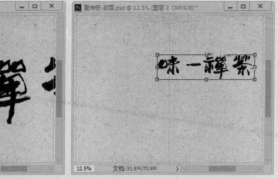

图 13-22　变换图像大小

23 使用工具箱中的【套索工具】，将文字中的"茶"图像选中，如图 13-23 所示。

24 使用工具箱中的【移动工具】，移动选区中的图像到文字"禅"图像的顶部，如图 13-24 所示。

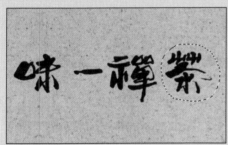

图 13-23　选中文字图像

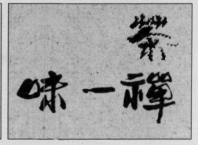

图 13-24　移动图像位置

25 将选区取消，继续选择【套索工具】，将文字中的"一"图像选中，如图 13-25 左图所示。

26 按 Delete 键，将选区中的图像删除，如图 13-25 右图所示。

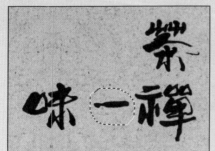

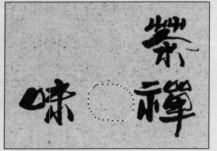

图 13-25　创建选区

27 将选区取消,使用【套索工具】 将文字中的"味"图像选中,如图 13-26 所示。

28 按 Ctrl+X 快捷键,将图像剪切下来,按 Ctrl+V 快捷键,将图像粘贴到图像中,如图 13-27 所示。

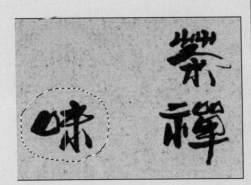

图 13-26　选中图像

图 13-27　粘贴图像

29 按 Ctrl 键单击"图层 2"的图层缩略图,载入该图层的选区,如图 13-28 所示。

30 单击【创建新的填充或调整图层】 按钮,在弹出的菜单中选择【纯色】命令,打开【拾色器(纯色)】对话框,设置颜色为熟褐色,如图 13-29 所示调整图像颜色。

31 使用相同的方法,继续将文字"味"图像也转换为颜色填充图层,如图 13-30 所示。

图 13-28　载入图层选区

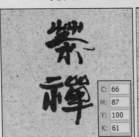

图 13-29　添加颜色填充图层

图 13-30　转换颜色填充图层

32 在【图层】调板中,选中"图层 2""图层 3",按 Delete 键,将选中的图层删除,如图 13-31 所示。

33 选中"颜色填充 1"图层,执行【自由变换】命令,缩小颜色填充图层,并放在视图右侧中间部分,如图 13-32 左图所示。如右图所示,缩小"味"颜色填充图层。

图 13-31 删除图层　　　　　　　　　　图 13-32 调整图像大小

34 使用工具箱中的【横排文字工具】 **T.** 在视图中输入文本，
效果如图 13-33 所示。

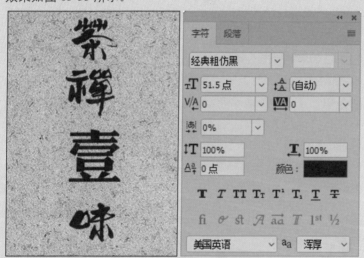

图 13-33　添加文本

35 选择工具箱中的【椭圆工具】 ○.，在其选项栏中设置工具
模式为【形状】，如图 13-34 所示设置选项。

图 13-34　绘制形状

36 按住 Shift 键的同时使用【椭圆工具】 ○. 绘制正圆，将【描
边】宽度设置为 3 像素，描边颜色设置为熟褐色，如图 13-35
所示。

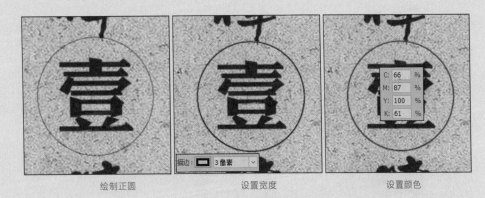

| 绘制正圆 | 设置宽度 | 设置颜色 |

图 13-35　绘制形状

37 在【图层】调板中，将"椭圆 1"图层复制，使用【自由变换】命令将正圆缩小，如图 13-36 所示。

38 在【椭圆工具】 选项栏中，将描边宽度设置为 10 像素，如图 13-37 所示。

图 13-36　缩小复制的圆形形状

图 13-37　设置描边宽度

39 将绘制的两个圆形形状及"壹"文字图层放入图层组中，单击【添加图层蒙版】 按钮，为图层组添加蒙版，如图 13-38 所示。

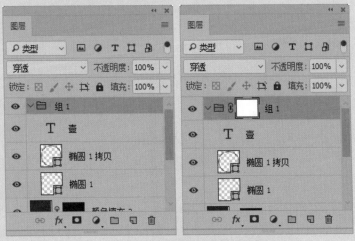

图 13-38　添加图层蒙版

40 使用【矩形选框工具】⬚在其右侧绘制矩形，如图 13-39 左图所示。使用黑色将选区填充，取消选区后的效果如图 13-39 右图所示。

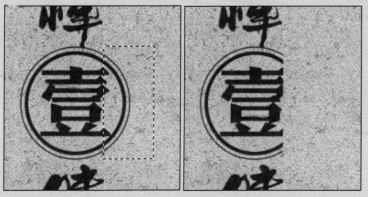

图 13-39　编辑蒙版

41 打开附带光盘 /Chapter-13/ "国画荷花 .jpg" 文件，效果如图 13-40 所示。

42 选择工具箱中的【魔棒工具】✐，设置【容差】参数为 20，在国画背景上单击后，将选区反选，如图 13-41 所示。

图 13-40　素材文件

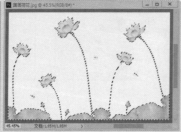

图 13-41　选中荷花图像

43 将荷花图像复制到宣传册封面文件中，使用【自由变换】命令调整图像大小，如图 13-42 所示。

图 13-42　调整图像大小

44 在【图层】调板中，将荷花图像所在图层的混合模式设置为【正片叠底】，如图 13-43 所示。

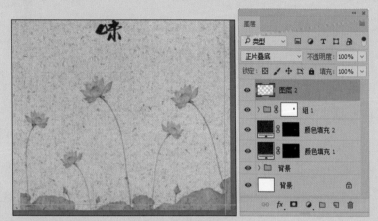

图 13-43　设置图层混合模式

45 使用【套索工具】 选中如图 13-44 左图所示的荷花图像，将其剪切并重新粘贴到视图中，使用【自由变换】命令调整图像大小。为了便于读者查看，该图已将背景隐藏。

图 13-44　编辑荷花图像

46 使用【套索工具】 选中如图 13-45 左图所示的图像，选择【移动工具】 ，按 Alt 键的同时，将选区中的图像向左侧移动。使用【自由变换】命令调整图像大小，与原图像对齐，如图 13-45 右图所示。

47 将选区取消，并显示"背景"图层组，将剪切荷花图像所在图层的混合模式设置为【正片叠底】，此时的图像效果如图 13-46 所示。

48 下面将在画面中添加相关封面信息，完成封面的制作，如图 13-47 所示。

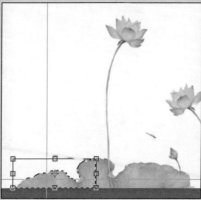

图 13-45　复制图像

图 13-46　当前图像效果

图 13-47　添加相关信息

13.2　制作宣传册内页

宣传页的内页制作要与宣传册的封面风格相互统一，简单明了，
内页宣传信息的文字字体、颜色根据宣传册封面的风格而定。

01 在"宣传册 - 封面"文件标题栏上右击，在弹出的菜单中选
择【复制】命令，将文件复制，如图 13-48 所示。

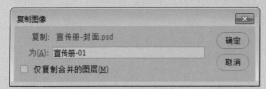

图 13-48　复制文档

02 在复制文件中，将画面左侧的文本信息等内容，以及荷花图像全部删除，如图 13-49 所示。

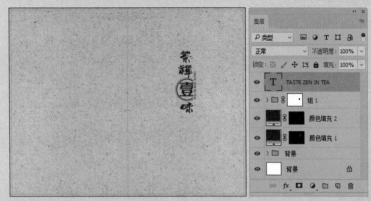

图 13-49　删除部分图像

03 将"背景"图层组打开，将"色阶 1"图层删除，删除后的【图层】调板效果如图 13-50 所示。

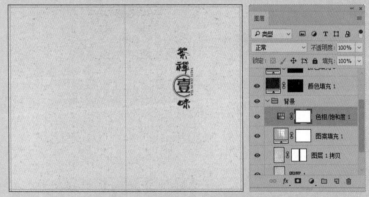

图 13-50　删除颜色调整图层

04 单击【图层】调板底部的【创建新的填充或调整图层】按钮，在弹出的菜单中选择【曲线】命令，如图 13-51 所示调整颜色。

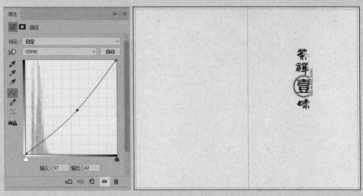

图 13-51　调整图像颜色

05 使用工具箱中的【矩形选框工具】 在视图左侧绘制矩形选区，
如图 13-52 所示。

06 单击【创建新的填充或调整图层】 按钮，在弹出的菜单中选
择【色相/饱和度】命令，如图 13-53 所示设置颜色。

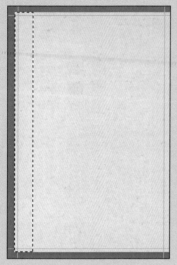

图 13-52 绘制选区

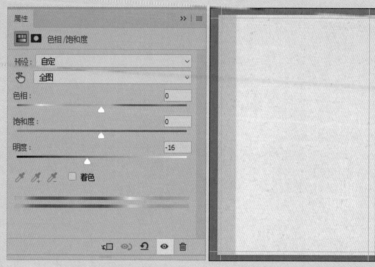

图 13-53 添加颜色填充图层

07 选中"茶禅一味"的字体组合，单击【创建新组】 按钮，
新建图层组，如图 13-54 所示。

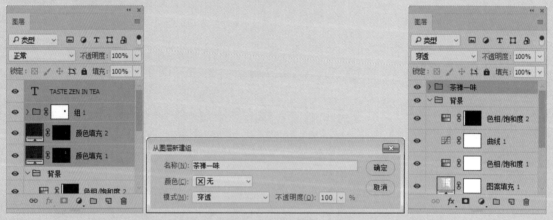

图 13-54 创建图层组

08 执行【自由变换】命令，将字体组合缩小并移动至视图的
左上角，如图 13-55 所示。

09 如图 13-56 所示，依次将各个文本内容的颜色更改为偏灰的
褐色（C48、M51、Y51、K0），文本"壹"改为白色。

图 13-55　变换图像大小　　　　　　　　　　　　　　　　　　图 13-56　调整颜色

10 选中外圈的圆环，选择工具箱中的【钢笔工具】 ⚲ ，将选择工具模式设置为形状。并设置其描边颜色为褐色，效果如图 13-57 所示。

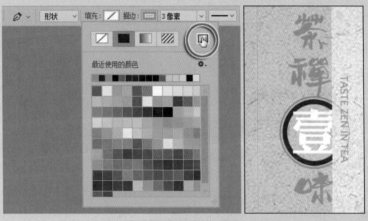

图 13-57　设置形状描边颜色

11 将外圈形状的描边宽度设置为 1 像素，如图 13-58 所示。

12 使用相同的方法，将内圈的形状描边颜色、宽度改变，如图 13-59 所示。

图 13-58　设置描边宽度　　　　　　　　　　图 13-59　设置形状描边属性

13 在【图层】调板中，将"茶禅一味"图层组放入"背景"图层组中，置为顶层，将图层组折叠并锁定，如图 13-60 所示。

图 13-60　编辑图层组

14 打开附带光盘\Chapter-13\"祥云.jpg"文件，效果如图 13-61 所示。

15 执行【选择】|【色彩范围】命令，打开【色彩范围】对话框，如图 13-62 所示将云彩图像选中。

图 13-61　素材文件　　　　图 13-62　创建选区

16 选择工具箱中的【矩形选框工具】，拖动选区到"宣传册-01"文档中。

17 在【图层】调板中新建图层，使用白色将选区填充，取消选区后效果如图 13-63 所示。

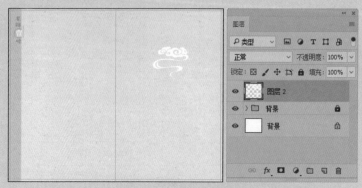

图 13-63　填充白色

18 执行【自由变换】命令将祥云图像适当缩小，使用文本工具在祥云图像的下面添加竖排文本，如图 13-64 所示。

图 13-64　添加文本

19 打开附带光盘 \Chapter-13\ "佛像 .psd" 文件，将佛像图像复制到宣传册文档中，效果如图 13-65 所示。

图 13-65　添加佛像图像

20 载入佛像所在图层的选区后，添加"色阶 1"调整图层，改变图像的颜色，如图 13-66 所示。

21 再添加"色相/饱和度 3"调整图层，降低图像颜色的饱和度，如图 13-67 所示。

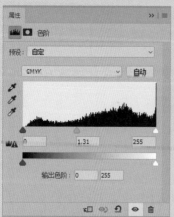

图 13-66 调整图像颜色

图 13-67 降低图像颜色饱和度

㉒ 将"宣传页-01"文件复制,如图 13-68 所示。在【图层】调板中,将"背景"图层组以上的图层全部删除,如图 13-69 所示。

图 13-68 复制文件

图 13-69 删除部分图像

23 打开附带光盘 \Chapter-13\ "茶杯 .jpg" 文件，使用【钢笔工具】
 ⌀.沿茶杯边缘创建闭合路径，如图 13-70 所示。

图 13-70 创建路径

24 按 Enter+Ctrl 快捷键，将路径转换为选区，效果如图 13-71 所示。

图 13-71 转换选区

25 将茶杯图像复制到 "宣传册 -2" 文档中，使用【自由变换】
命令调整图像的大小，如图 13-72 所示。

图 13-72 添加图像

㉖ 将茶杯所在图层的选区载入，在【图层】调板中单击【创建新的填充或调整图层】按钮，在弹出的菜单中选择【曲线】命令，如图 13-73 所示设置颜色。

图 13-73　提亮图像颜色

㉗ 在工具箱中选择【画笔工具】，在选项栏中设置选项，如图 13-74 所示。

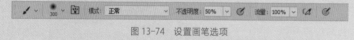

图 13-74　设置画笔选项

㉘ 在【图层】调板中"背景"图层组的上面新建"图层 3"，使用【画笔工具】绘制茶杯图像的下方阴影，如图 13-75 所示。

图 13-75　绘制茶杯图像阴影

㉙ 使用【横排文字工具】在视图中输入段落文本，如图 13-76 所示。

图 13-76 添加文本

30 使用相同的方法，复制已做好的宣传册页面，删除原有的内容，添加文字和作为装饰的图像内容，至此完成该宣传册的设计制作，如图 13-77 所示。

图 13-77 创建更多的页面（一）

茶禅壹味

中国是茶的故乡，是世界上最早发现及种植茶树、利用中国茶叶和栽培中国茶树的国家。中国也是世界茶道的发祥地，任何国家安中国茶文化的影响都不能否认中国是茶的宗主国的地位。无论追寻了茶道的基本文明，茶树的起源基至已有六万多年的历史。茶被人类发现和利用，大约有四五千年的历史。

茶的利用最初是萌芽于原始采集活动之中的，古史传说中认为"神农尝百草……乃饮水蔗开瘦乃解"。理由是，"神农尝百草，日遇七十二毒，得茶而解之。"又有说"神农尝百草，日逢十二毒，得荼而解之。"两说茶自不尽尽然，但一播流顾的悉思始终注重"茶"在长久的商用过程中，人们越来越将它包茶起的病因"药"用之性，现反晚的是一种供用代的代代作之者。

依据《诗经》等有关文献记载，在史前期，"茶"最初指的是苦菜和带苦味的各物原料，从及说了茶的其他价值后才有了独立的名字"茶"。在食含合一的远古时代，茶美被视初为化。清味、消食、解醒、养便等的用功用是不常为人们所认识的。然而，任一期性的由偶然发现与为日常的专用饮料，这必应有紧种神圣的他要，朝人的实际生活中的某神需要，巴蜀加上，内为康极至发作的"烟熏"之期。

日常饮料，秦人人已周后，见到的可能就是茶作为日常收料的状态为另一体。茶由应用转化为习惯饮料，严格意义上的"茶"便便之产生了。其词由标志受是"茶"（cha）音的出现。郭璞注《尔雅·释木》说云："树小如栀子，冬生叶，可煮餐，今呼早取为茶，晚取为茗。一名荈，蜀人名之苦茶。"至知"茶"字已有当饮料"茶"的谈读了。"茶"由"茶"分离出来，并走上了"茶立"发展道路，但"茶"字的出现说意是种重要的关系。聚和商业活动的日益增繁，真到中语以消内事，也已时合部界号的产生合了人们的社全生活这样一种文字变化的规律。

中国从何时开始饮茶，众说不一。西汉时已有饮茶之事的正式文献记载，饮茶的起始时尚当比这更早一些。茶以文化形态出现，是在汉魏两晋南北朝时期。

茶文化从广义上讲，分为的自然科学和茶的人文科学两方面，是人类为出自然历史过程中所创造的与茶有关的物质财富和精神财富的总和。从狭义上讲，着重于茶的人文科学，主要讨论茶的精神和社会的功能。由于当前的自然科学已形成独立的体系，因而，常讲的茶文化偏重于人文科学。

茶禅壹味

三国以前茶文化

据很多书籍把茶的发现时间定为公元前2737-2697年，其历史可推到三皇五帝，东汉华佗《食经》中："苦茶久食，益意思"记录了茶的医学价值。西汉末茶的产地县命名为"荼陵"，即湖南的茶陵。

晋代茶文化

随着文人饮茶之兴起，有关茶的诗词歌赋日渐问世，茶已经脱离作为一般形态的饮食走入文化圈。起着一定的精神、社会作用。两晋南北朝时期，门阀制度业已形成，不仅帝王、贵族聚敛成风，一般宦吏乃至士人皆以夸豪斗富为荣，多数蕴聚豪侈。在此情况下，一些有识之士提出"养廉"的问题。于是，出现了陆纳、桓温以茶代酒之举。南齐世祖武皇帝是个比较开明的帝王，他不喜奢侈，死前下遗诏，说他死后丧礼要尽量节俭，不要以三牲为祭品，只放些干饭、果饼和茶饭便可以。并要"天下贵贱，咸同此制。"在陆纳、桓温、齐武帝那里，饮茶不仅已为醒神解渴，它开始产生社会功能，成为以茶待客、用以表示一种精神、情操的手段。饮茶已不完全是以其自然使用价值为人所用，而是进入了精神领域。

魏晋南北朝时期，天下骚乱，各种文化思想交融碰撞。玄学相当流行。玄学是魏晋时期一种哲学思潮，主要是以老庄思想糅和儒家经义。玄学家大都是所谓名士，重视门第、容貌、仪止，爱好虚

无玄远的清谈。东晋、南朝时，江南的富庶使士人得到继时的满足，终日流连于青山秀水之间，清谈之风继续发展，以致出现许多清谈家。最初有清谈家多酒徒，后来，清谈之风渐向饮茶转向。一些文人，玄学家喜清淡，普通清谈者也喜高谈阔论，酒能使人兴奋，但喝了多了便会举止失措，胡言乱语，有失雅观。而茶则可竟日长饮而始终清醒，令人思路清新，心态平和。况且，对一般文人来讲，整天与酒肉打交道，经济条件也不允许。于是，许多玄学家，清谈家从好茶转向好茶。在他们那里，饮茶已被当作精神现象来对待。

随着佛教传入、道教兴起，饮茶已与佛、道教联系起来。在道家看来，茶是帮助炼"内丹"，升清降浊，轻身换骨，修成长生不老之体的好办法；在佛家看来，茶又是禅定入静的必备之物。尽管此时尚未形成完整的宗教饮茶仪式和阐明茶的思想原则，但茶已经被肠作为饮食的载态形式，具有显著的社会、文化功能。中国茶文化初见端倪。

隋唐茶文化

据说茶在先前都是药用，应多是认为对身体有益。隋朝全民普遍饮茶，也多是认为对身体有益。隋朝基本是初步形成中国茶文化，公元780年，陆羽据此著《茶经》，把隋、唐茶文化形成的专有标志。其概括了茶的自然和人文科学双重内容，探讨了饮茶艺术，把儒、道、佛三教融入饮茶中，首创中国茶道精神。以后又出现大量茶

书、茶诗，有《茶述》、《煎茶水记》、《采茶记》、《十六汤品》等。唐代茶文化的形成与禅教的兴起有关，因茶有提神益思、生津止渴功能，故寺庙崇尚饮茶，在寺院周围植茶树，制定茶礼、设茶堂、选茶头，专呈茶事活动。在唐代形成的中国茶道分宫延茶道、寺院茶礼、文人茶道。

宋代茶文化

宋代茶业已有很大发展，推动了茶叶文化的发展。在文人中出现了专业品茶社团，有官员组成的"汤社"、佛教徒的"千人社"等。宋太祖赵匡胤是位嗜茶之士，在宫庭中设立茶事机关，宫庭用茶已分等级。茶仪已成礼制，赐茶已成皇帝笼络大臣、眷怀亲族的重要手段，还赐给国外使节。至于下层社会，茶文化更是生机活泼，有人迁徙，邻里要"献茶"，有客来，要敬"元宝茶"，定婚时要"下茶"，结婚时要"定茶"、同房时要"合茶"。民间斗茶风起，带来了采制烹点的一系列变化。

自元代以后，茶文化进入了曲折发展期。宋人拓展了茶文化的社会层面和文化形式，茶事十分兴旺，但茶艺走向繁复、奢靡、琐碎、著侈，失去了唐代茶文化深刻的思想内涵，过于精细的茶艺淹没了茶文化的精神。失去了其高洁深邃的本质。在朝庭、贵族、文人那里，喝茶成了"喝礼儿"、"喝气派"、"玩茶"。

明朝茶文化

元代，一方面，北方少数民族虽喜欢茶，但主要是出于生活、生理上的需要。从文化上却对品茶煮茗之事举措不大；另一方面，中国文化人对故国破碎，异族压迫，恰无心再以茶事表现自己的风流儒雅，而希望通过饮茶表现自己的情操，磨砺自己的意志。这两股不同的思想潮流，在茶文化中契合后，促进了茶艺向简约、返璞归真方向发展。明代中叶以前，汉人有感于前代民族举亡，本着一开国便立茶事政纲，于是仍怀故物之志。茶文化的景元代代，表现为茶艺简约化，茶文化隔祖果与自然契合，以茶表现自己的苦节。

此时已出现蒸青、炒青、烘青等各茶类，茶的饮用也改成"撮泡法"，明代不少文人雅士留有传世之作，如唐伯虎的《烹茶画卷》、《品茶图》，文徵明的《惠山茶会记》、《陆羽烹茶图》、《品茶图》等。茶类的增多，泡茶的技艺有别，茶具的款式、质地、花纹千变万化。到晚明茶叶已几成一种正式行业，茶书、茶事、茶诗不计其数。

图 13-77　创建更多的页面（二）

CHAPTER 14
封面设计

内容导读 READING

封面设计即是为书籍设计封面，封面是装帧艺术的重要组成部分，犹如音乐的序曲，是把读者带入内容的向导。封面设计的成败取决于设计定位。即要做好前期的客户沟通，具体内容包括：封面设计的风格定位、企业文化及产品特点分析、行业特点定位、客户的观点等，都是可能影响封面设计风格的因素。所以说好的封面设计很大程度上决定于前期的沟通，只有充分地沟通好，才能体现客户的消费需要，为客户带来更大的销售业绩。

■ 学习目标

√ 掌握钢笔工具的使用
√ 掌握画笔工具绘制阴影
√ 掌握图层样式中的投影效果
√ 掌握魔棒工具快速抠图

封面设计效果展示

14.1 制作封面底纹

制作书籍封面首先需要注意出血位置，划分出勒口、封一、书脊、封底的范围，而封面底纹则根据书籍具体尺寸而制作，注意小顶底纹接合处缝隙的自然感。

01 启动软件后新建文件。该封面的尺寸为 185mm（宽）×260mm（高），在 Photoshop 中设计制作需要的尺寸包括封一、书脊、封底、勒口、出血，为 506mm（宽）×266mm（高），其中书脊为 10mm，单边的勒口宽度为 60mm，效果如图 14-1 所示。

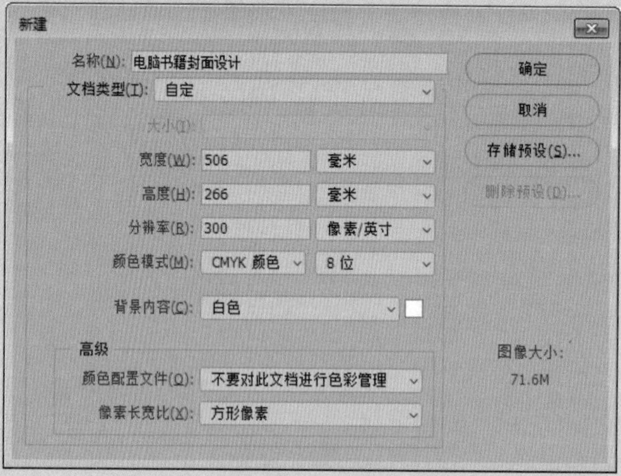

图 14-1 创建新文档

02 在【图层】调板中，按住键盘上的 Alt 键同时单击【创建新组】按钮，打开【新建组】对话框，创建"背景桌面"图层组，如图 14-2 所示。

图 14-2 创建新图层组

03 执行【视图】|【标尺】命令，打开标尺，首先拖曳出参考线界定出出血范围的位置，如图 14-3 所示距离边界 3 毫米的位置。

图 14-3　指定出血范围

04 继续添加参考线，将勒口、封一、书脊、封底的范围划分开，效果如图 14-4 所示。

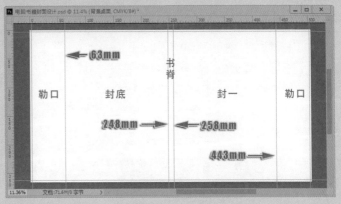

图 14-4　划分范围

05 打开附带光盘 \Chapter-14\"木板 .jpg"文件，如图 14-5 所示。

06 使用工具箱中的【移动工具】⊕.将木板图像移动到封面文档中，效果如图 14-6 所示。

图 14-5　素材文件

图 14-6　添加素材文件

07 执行【自由变换】命令，在视图中右击鼠标，在弹出的菜单中选择【水平翻转】命令，如图 14-7 所示调整图像大小。

08 继续添加木板图像，使用【自由变换】命令调整图像大小，如图 14-8 所示，为了便于读者查看，按下 Ctrl+H 快捷键，将参考线隐藏。

图 14-7　调整图像大小　　　　　　　　　　图 14-8　变换图像大小

09 在【图层】调板中，将两个木板图层复制，并向上移动，效果如图 14-9 所示。

图 14-9　复制并移动图层

10 使用【矩形选框工具】绘制选区，效果如图 14-10 所示。

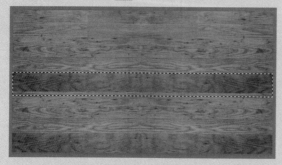

图 14-10　绘制选区

11 在【图层】调板中，依次选中"图层 1 拷贝"和"图层 2 拷贝"图层，将选区中的部分木板图像删除，然后取消选区，效果如图 14-11 所示。

图 14-11　删除部分图像

12 在【图层】调板中，将"背景桌面"图层组折叠起来后并锁定图层组，方便接下来的编辑，如图 14-12 所示。

图 14-12　编辑图层

14.2　添加桌面物品

桌面物品的摆放角度要自然，合理，不可杂乱无章，视觉感要舒适，物体的抠取要细致，投影角度要统一，制作出的物体布置场景才会具有真实感。

01 在【图层】调板中，按 Alt 键并单击【创建新组】□按钮，打开【新建组】对话框，新建"桌面物品"图层组，如图 14-13 所示。

02 打开附带光盘 \Chapter-14\ "键盘 .jpg"文件，效果如图 14-14 所示。

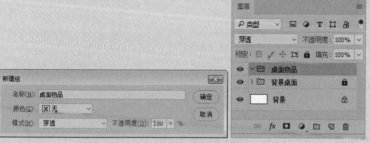

图 14-13　新建图层组

图 14-14　原始文件

03 使用工具箱中的【钢笔工具】 $\mathcal{O}$. 沿键盘图像四周绘制闭合路径，如图 14-15 所示。

04 按 Enter+Ctrl 快捷键，将路径转换为选区，效果如图 14-16 所示。

图 14-15　绘制路径

图 14-16　创建选区

05 将键盘图像复制到封面设计文档中，按 Ctrl+H 快捷键，显示参考线，效果如图 14-17 所示。

图 14-17　显示参考线

06 执行【编辑】|【自由变换】命令，让键盘图像倾斜起来，效果如图 14-18 所示。

07 按 Ctrl 键同时单击【创建新图层】 $\boxed{\Box}$ 按钮，在当前图层的下方新建图层，并更改图层名称，如图 14-19 所示。

图 14-18　变换图像角度

图 14-19　新建图层

08 选择工具箱中的【画笔工具】 ，设置前景色为褐色，在键盘图像左下角位置单击，按 Shift 键，继续使用【画笔工具】 分别在键盘图像右下角、右上角位置单击，绘制键盘阴影，如图 14-20 所示。

图 14-20　绘制阴影

09 设置"键盘阴影"图层的混合模式为"正片叠底"，效果如图 14-21 所示。

图 14-21　设置图层混合模式

10 在【图层】调板中，选中"键盘"和"键盘阴影"图层，链接两个图层，以固定并保持它们的相对位置；在图层缩略图左侧的眼睛图标上右击，在弹出的菜单中选择【橙色】命令，改变眼睛图标的底色，方便查找图层，如图 14-22 所示。

图 14-22　设置图层

11 选择工具箱中的【椭圆工具】，将选项栏中的工具模式设置为【形状】选项，效果如图 14-23 所示。

图 14-23　设置选项栏

12 按 Shift 键，使用【椭圆工具】在键盘图像的右侧绘制正圆形状，如图 14-24 所示。

图 14-24　绘制正圆

13 在【图层】调板中，将形状图层移动至"桌面物品"图层组的最下边，更改图层名称为"鼠标垫"，如图 14-25 所示。

图 14-25　调整图层顺序

14 双击"鼠标垫"图层名称右侧的空白处，打开【图层样式】对话框，为形状添加【斜面和浮雕】和【投影】样式，效果如图 14-26、图 14-27 所示。

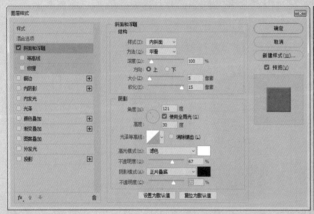

图 14-26　设置斜面和浮雕效果

图 14-27　设置投影效果

⑮ 打开附带光盘 \Chapter-14\ "鼠标.jpg" 文件，效果如图 14-28 所示。

⑯ 使用工具箱中的【魔棒工具】▓在白色背景上单击，选中背景后将选区反选，选中鼠标图像，如图 14-29 所示。

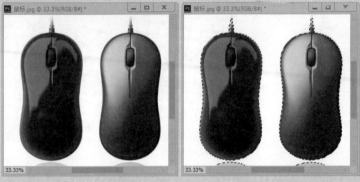

图 14-28　原始文件　　　　　　图 14-29　选中鼠标图像

⑰ 选择工具箱中的【矩形选框工具】▣，按 Alt 键的同时拖动光标绘制选框，将左侧鼠标范围、视图低端的选区范围、右侧鼠标顶端的线段范围减去，如图 14-30 所示。

图 14-30　选中右侧的鼠标

⑱ 将鼠标图像复制到封面设计文档中，置于鼠标垫图像上方，如图 14-31 所示。

图 14-31　添加鼠标图像

19 仔细观察会发现，复制过来的鼠标图像边缘带有一些细细的白边。执行【图层】|【修边】|【去边】命令，打开【去边】对话框，设置【宽度】参数为 1 像素，单击【确定】按钮，将对话框关闭，去除鼠标图像四周的残余白边，效果如图 14-32 所示。

图 14-32　去除残余白边效果

20 执行【自由变换】命令，将鼠标图像逆时针旋转，效果如图 14-33 所示。

图 14-33　旋转图像

21 在"鼠标"图层下方新建图层并修改图层名称，如图 14-34 所示。

图 14-34　编辑图层

22 使用【画笔工具】 ✐ 在视图中绘制褐色的鼠标阴影，如图 14-35 所示。

23 更改图层的混合模式为【正片叠底】，效果如图 14-36 所示。

图 14-35　绘制阴影　　　　　　　　　　图 14-36　设置图层混合模式

24 打开附带光盘 \Chapter-14\"手机 .jpg"文件，效果如图 14-37 所示。

25 使用工具箱中的【魔棒工具】 ✐ 在白色背景上单击，选中背景后将选区反选，选中手机图像，如图 14-38 所示。

图 14-37　素材文件　　　　　　　　　　图 14-38　选中手机图像

26 将手机图像复制到封面文档中，使用【自由变换】命令调整图像大小，如图 14-39 所示。

27 将手机图层向上移动，并更改其名称，效果如图 14-40 所示。

图 14-39　调整手机图像大小

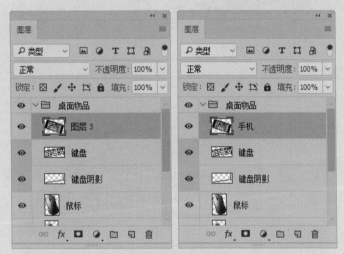

图 14-40　调整图层顺序和名称

28 在【图层】调板下方单击【添加图层样式】按钮，为手机图像添加投影效果，效果如图 14-41 所示。

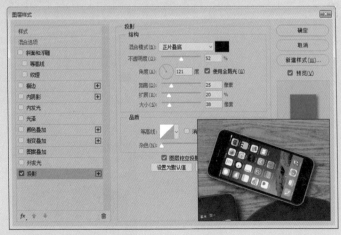

图 14-41　添加投影效果

29 继续打开附带光盘 \Chapter-14\ "单反相机 .jpg" 文件，如图 14-42 所示。

30 使用工具箱中的【魔棒工具】 ![] 在白色背景上单击，选中背景后将选区反选，选中相机图像，如图 14-43 所示。为了便于读者查看，已将相机透明度降低。

图 14-42　素材文件　　　　　　　图 14-43　创建选区

31 将相机图像复制到封面设计文档中，使用【自由变换】命令逆时针方向旋转相机图像，效果如图 14-44 所示。

图 14-44　变换相机图像角度

32 双击相机图层名称右侧的空白处，打开【图层样式】对话框设置其参数，为图像添加投影效果，如图 14-45 所示。

图 14-45　添加投影效果

33 使用相同的方法，打开光盘中的"素材文件.psd"，将素材文件逐一复制到封面文档中并调整其位置，并使用【画笔工具】 ✐ 或【图层样式】中的投影命令，为图像添加阴影效果，如图14-46所示。

图14-46　添加素材

14.3　添加封面文本信息

封面上文字传递的信息才是最重要的，不可让下方桌面的场景喧宾夺主，文字字体设置要显目，传达的信息要准确。

01 在【图层】调板中，将"桌面物品"图层组折叠并锁定，单击【图层】调板底部的【创建新组】按钮，新建"文本信息"图层组，如图14-47所示。

图14-47　新建图层组

02 使用工具箱中的【横排文字工具】 T.在视图中输入两组文本，如图14-48所示。

03 使用【自由变换】命令，分别对两组文本进行变换，将文本适当缩小并旋转，如图14-49所示。

图 14-48　输入文本

图 14-49　变换文本

04 双击"王牌设计师"图层名称右侧的空白处，打开【图层样式】对话框，为文本添加玫红色的描边效果，如图 14-50 所示。

图 14-50　添加描边效果

05 在【图层样式】对话框中，继续为文本添加投影效果，如图 14-51 所示。设置完毕后将对话框关闭即可应用样式。

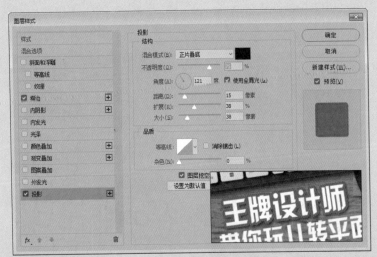

图 14-51　添加投影效果

06 在【图层】调板中，在"王牌设计师"图层名称右侧的空白处右击，在弹出的菜单中选择【拷贝图层样式】命令，然后在"带你玩儿转平面设计"图层名称右侧的空白处继续右击，在弹出的菜单中选择【粘贴图层样式】命令，将之前设置的图层样式复制到该图层中，效果如图 14-52 所示。

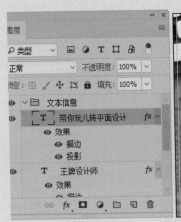

图 14-52　复制图层样式

07 选择工具箱中的【圆角矩形工具】，在选项栏中设置其参数，如图 15-53 所示。

图 14-53　设置选项栏

08 使用【圆角矩形工具】在书脊位置绘制适当大小玫红色圆角矩形形状，效果如图 14-54 所示。

09 使用【直排文字工具】 |T. 在圆角矩形的上面输入文本，效果如图 14-55 所示。

图 14-54　绘制形状

图 14-55　输入文本

10 使用【横排文字工具】 T. 在视图中输入蓝色的文本，其中 "Photoshop CC" 字样使用【自由变换】命令将其旋转，如图 14-56 所示。

图 14-56　输入文本

11 使用相同方法为英文添加描边和投影图层样式，效果如图 14-57 所示。

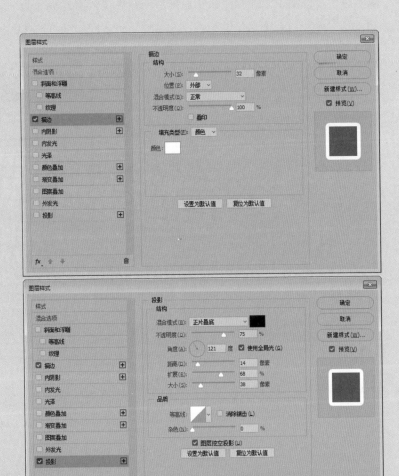

图 14-57 添加图层样式

12 将 Photoshop CC 图层的图层样式复制到 2017 图层中，效果如图 14-58 所示。

图 14-58 复制图层样式

13 最后在视图中添加相关的封面信息，完成该封面设计的制作，效果如图 14-59 所示。

图 14-59　完成效果